FUNDAMENTALS×
TECHNICAL MARKETING

向億萬電商社長學
網路行銷

從廣告規劃、文案撰寫到市場分析、
投報評估全面解析！

木下勝壽／著　劉宸瑀、高詹燦／譯

序言

我曾藉由獨創的網路行銷手法，將自己以1萬日圓創業的一人公司，培育成東證主要市場（Prime Market，即原東證一部）的上市企業。

在這段期間，從網路行銷的細節微調工作，到上市企業市場策略的滾動調整，這一連串的事務皆由我自己親手處理。

這回我決定把這些網路行銷的手法毫無保留地撰寫出來。

畢竟如此有趣又生動的工作，僅僅自己獨享實在太可惜了。

我從2000年左右開始做網路行銷，隨後立刻意識到一件事，那就是**「不可以把迄今為止學過的行銷理論直接套用到網路實務上」**。

不久後，網路行銷變得普及，各種五花八門的網路行銷理論突然冒了出來，這時我注意到的是**「那些理論並非行銷，單純只是數位操作而已」**。

在這段過程裡面，我並未隨著社會大眾的行銷論起舞，而是親身去體會，其中有獲得成果的就是**「基本行銷」**與**「技術行銷」**這2種手法。

基本面（fundamentals）與技術面（technical），這原先是股票投資的術語。

所謂基本面的投資，是指查閱目標企業的業績、財務狀況與經營者資質等資料，藉此分析其未來發展潛力以判斷是否投資的手法。另一方面，技術性投資的方式並不去看目標企業本身，而是從目標企業的股價波動分析市場行情，再做出投資判斷。

由於股票交易手續費因網路券商的誕生而降低，因此近年愈發流行透過細微股價變動來賺取利潤的「技術投資」，專門從事這種「技術投資」的「當沖操盤手」也就一個勁兒地年年增加。

在做技術性投資的人裡頭，也有些人是只看股價波動，完全不管標的企業是做什麼的公司就投入資金。其結果有可能是獲得豐厚的利益，也有可能會在不曉得自己投資了哪家公司的情況下遭受巨大的損失。

而我所專攻的網路行銷也出現了類似的情況。行銷實務在「網路化」的過程中奠定了「基本行銷」跟「技術行銷」2種行銷手法。

基本行銷是分析商品本身、使用者人物誌（即該服務或商品的典型使用者樣貌）還有消費者洞見（促使消費者實際購買的主要因素），再去設計與消費者的交流形式。

另一方面，技術行銷則是透過可分析數據的反饋資料，設計出商家與顧客的交流方式，像是點擊率（CTR，在畫面中點擊廣告的比例）、轉移率（從廣告所連結的說明頁〔橋接登陸頁，BLP〕移動到購買用的購物車結帳頁〔銷售登陸頁〕之比例）、購買率（在訪問銷售登陸頁的人當中，購買者的比例）、關鍵字（顧客在搜尋引擎輸入的關鍵字）等等。

由於網路行銷並不會與顧客直接見面溝通，因此必須斟酌廣告文案，考量點擊所連到的登陸頁文案主旨，思考購物車按鈕的文字……這一系列的網路行銷操作便是商家與該顧客之間的交流。

雖然基本行銷在了解商品及使用者之後再制定策略的地方和過去的行銷方式沒兩樣，但從一開始，網路世界跟真實世界的各種前提條件就大相逕庭。很多公司在不明白這些前提條件的差異下，就直接沿用實體行銷的策略，結果當然無法用這些方式在網路行銷上得到好成績。在憑藉1個點擊就能與競品比較的世界中，採用與以往完全不同的交流或理念設計是必然之舉。

另一方面，技術行銷跟股票投資（技術面投資）同樣都是基於數據資料做出判斷，所以極端來說，就算對廣告創意或商品不甚了解，也能取得一定程度的結果。事實上也有人是這麼做的。行銷人員在對商品一無所知的情況下實際執行技術行銷，偶爾就在這樣什麼都不清楚的情況下獲取龐大的利潤；反過來說，也有機會遭遇鉅額損失或錯失良機。就算對自己經手的商品或服務的相關知識技術僅僅略知一二，也能有一定成效——技術行銷往往只關注這種「正面」結果，但其實也有必要將目光放在「負面」效應上。

另外，技術行銷本來就是一種在商品原先就暢銷，或是有好賣的商品時才成立的銷售手法。因此，光靠技術行銷雖然可以「更有效率地賣出暢銷商品」，也能「使暢銷但單次成本（獲得1個觀看／行動／訂單等事件的成本）高的商品成本降低」，但卻無法使滯銷商品熱賣。

行銷的原本職責所在，便是讓那些被埋沒卻賣不掉的優質商品得以銷售出去。

如果真的想在網路行銷上取得好成績，就應該同時把基本行銷跟技術行銷磨練到極致。為什麼呢？因為只有把這2種技能結合在一起，彼此相輔相成，網路行銷才能開始發揮其真正的作用。

是故這次，我將重新建立網路行銷上「基本面」與「技術面」的行銷體系，並以簡單易懂且容易動手重現的方式徹底闡述。

本書開頭的「第0部」會先客觀俯瞰基本行銷和技術行銷的全貌，並加以解說讓各位可以有所理解。接著前半部分主要記述以人類情感為根基設計的網路行銷法；後半則運用數位資料，講解那些以1日圓為單位來計算利潤時的經營手段。

衷心希望各位一定要讀到最後。

讀完本書後，相信各位應當已經掌握基本面與技術面兩大行銷技巧，並搖身一變成為一流的網路行銷人了。

術語解說

本篇術語解說是為了在解釋術語的同時，讓讀者可以清楚想到相應內容所寫。希望各位能在這一頁以折角或便利貼做記號，在閱讀的過程中，只要對該詞彙所代表的意義感到困惑時，就請翻回此頁查看，一邊確認術語意義，一邊繼續閱讀。

AB測試……
針對想銷售的商品，製作並刊登A、B、C等多組廣告文案，再視哪一組廣告成效最好來決定正確答案的手法。

AB-X測試……AB測試的升級版，會考量除了A、B以外，是否存在額外的X選項。

BLP（Bridge Landing Page）＝**橋接登陸頁……**
登陸頁面（LP）的一種，以提供說明資訊為目的，用來彌補廣告文案與銷售登陸頁之間的差距。包含有新聞報導型或問卷調查型等各種形式。

CTR（Click Throuth Rate）＝**點擊率……**
執行點擊動作的百分比，以「曝光次數（廣告展示的次數）÷點擊次數」計算。

CV（Conversion）＝**轉換……**
指行銷目標的成果（購買或簽約成交）。寫作「轉換次數」時，則代表購買數或成交數。

CVR（Conversion Rate）……

商品的購買或成交率（購買率、轉換率）。以「購買數÷點擊次數（或轉移次數）」計算。

KPI（Key Performance Indicator）＝**關鍵績效指標**……用來觀測目標達成進度的關鍵指標。

LP（Landing Page）＝**登陸頁面**……點擊廣告後連結到的顯示頁面。

LTV（Life Time Value）＝**顧客終身價值**……

單一顧客終其一生透過反覆訂購特定商品等方式消費的金額。

ROAS（Return On Advertising Spend）……

廣告投資報酬率。即營收跟廣告費的比例，以「營業額÷廣告費」計算。

USP（Unique Selling Proposition）……商品或服務所擁有的獨特賣點。

人口統計變數……

按年齡或性別等「可符號化的項目」來區分的變數，例如「40歲」、「女性」、「現居日本埼玉」。

人物誌……在規劃廣告時虛構的假想目標使用者形象。

小提醒……「聯繫我們」按鈕的標示或圖片的註解等，用來做補充說明的細節。

心理變數……

指的是基於個人感情、行動、嗜好所建立的屬性，例如「探尋新的打底化妝品」、「最近因眼睛下方的皺紋而煩惱」等。

文案……意指廣告宣傳文宣。

文案主體……用以說明的文章。

目標市場區隔……成為目標受眾的使用者類型，以及鎖定該類型為目標的行為本身。

忠誠……顧客對特定產品、品牌、商品、商家所抱持的忠誠度。

框架……過去在廣告刊登上很有幫助的框架結構。主要指登陸頁面的設計樣式。

消費者洞見……促使消費者實際購買的要因，顧客根本的欲求、深層心理。

素材……即橫幅、登陸頁面、海報、電視廣告等產物及其製作業務。

產品……即商品。

單次成本（CPO）……

每獲得一名顧客所需支付的成本。以「廣告費÷獲得顧客數」計算。

單次點擊成本……每次點擊所需的成本，以「廣告費÷點擊次數」計算。

媒體……Yahoo!、Google及Facebook等刊登與展示廣告的媒體。

實體行銷……以真實店鋪為主軸的行銷。

廣告代操費……委託廣告代理商操作網路廣告時所支付的手續費。

廣告科技……

利用AI人工智慧等技術執行機器學習（電腦用數據資料反覆學習，找出其中潛藏的規律），再基於技術行銷理論將廣告最佳化，是廣告媒體的功能之一。

廣告標語……為吸引使用者產生興趣，在最初觸及使用者目光的一到兩行文句。

銷售登陸頁……

登陸頁面（ＬＰ）的一種，專指附帶購物車或訂購表單等購買商品功能的登陸頁面。顧客將於此頁面下訂單。

轉移率……

點擊橋接登陸頁後進入銷售登陸頁（轉移至銷售登陸頁）的比例。以「轉移次數÷點擊次數」計算。

曝光次數……廣告展示的次數。

競標單價……

以競價方式得標廣告欄位時所提出的單價。有按曝光次數、點擊、轉換等多種競價計算方式。

目次

第2章 先期調查

第2部 技術行銷的精髓

第2章 為「利潤」設定與測量KPI……171

圖版製作 室井浩明（STUDIO EYES）

第0部
基本行銷與
技術行銷概要

我開始從事網路行銷是在2000年左右。正如前面所述，剛起頭沒多久，我就知道「不可以把迄今為止學過的行銷理論直接套用到網路實務上」。

在網路普及前的實體行銷理論，原本是建立在

- **與競爭對手保有物理上的距離**
- **賣場陳列空間有限**
- **溝通成本相當昂貴（廣告費、印刷費、郵資等）**

這樣的前提上。

然而，不曉得是沒聽說或是不明白這些前提條件的差異，我經常看到直接把舊有的行銷理論原封不動地搬到網路上，以此籌劃其行銷策略的情況。

在第0部的內容中，就將以綜觀當前的網路行銷現狀為主。

1 實體店暢銷商品在網路上滯銷的原因

- 與競爭對手保有物理上的距離
- 賣場陳列空間有限
- 溝通成本相當昂貴（廣告費、印刷費、郵資等）

這些是在網路登場前的實體行銷理論前提要件，下面我們就逐一詳細介紹。

第一，在實體行銷上「與競爭對手保持物理上的距離」，代表服務或商品的品質並不一定得追求日本第一或世界第一。只要可以戰勝在步行或者開車能到達範圍內的競爭對手，就足以把生意做起來。

不過在網路行銷上，狀況卻有所不同。在網路上比較競品很容易，所以下列三者也會變成競爭對象：

①全球品質最好的商品與服務
②全球價格最低的商品與服務
③全球配送最快的商品與服務

①自然無庸置疑，比如製造手機的時候，像蘋果公司這種全球性企業就會成為競爭對手；而在②的方面，中國跟東南亞等人力成本相對便宜的國家，其企業的產品也會加入競爭行列；③也一樣，在資本雄厚的國家中，那些可以組建大型貨運系統的公司都會變成競爭對象。

市場愈大，競爭影響的範圍就愈廣，這一點應該不難理解。

其次，「賣場陳列空間有限」這一前提已不復存在，這也是我確信網路行銷會大幅改變現有行銷方式的一個契機。實體行銷的賣場面積非常小，能陳列的商品也十分有限。

這時「品牌」就發揮出它的威力了。

零售店優先採購「只要是這個品牌就可以放心賣」的商品，這在賣場陳列面積有限的實體行銷世界裡是不可或缺的策略。而且對顧客來說，能在這樣的商店購物也很便利。

然而在網路行銷的領域，這個常識卻出現了變化。

這是因為在網路行銷中，賣場面積簡直可說是無窮大，而且顧客還可以在這無窮大的賣場中瞬間移動，比較各式各樣的商品和服務。

如此一來，在網路這無限拓展的賣場中，五花八門的商品都有可能在眨眼間被拿來比較。

使用者尋找自己要買的東西之起點，不再是一個品牌或電商網站的首頁，而是Google或Amazon的首頁。因此，**商品或服務不再是以「品牌」跟「商家」這樣的「群體」來競爭，而是用各自的商品或服務等「單品」決勝負。**

反過來也可以說，在網路上販售的所有商品和服務都必須以這樣的方式競爭。無法依靠「品牌」行銷的時代已然到來。另一方面，這也是一個真正的實力主義時代——即使沒有品牌實力，只要有商品實力就足以踏入競爭圈。

第三，「溝通成本相當昂貴」的前提也有所改變。傳統的實體行銷有太多的資源虛耗。舉例來說，就算是為20幾歲到30幾歲女性的化妝品打廣告，推送電視廣告或報紙裡的傳單時，也必須以所有年齡和性別的人為對象，在這其中就產生了極大的浪費。

同時，將目標受眾範圍縮小到極限的郵寄廣告等做法，也存在「不能獲得原本有機會擁有的客戶」的問題，造成很大的機會損失。

就像這樣，在實體行銷上無論採用哪一種方法，都會產生「極大的浪費」或「很大的機會損失」。

但網路行銷卻大幅改變了這種現況。**在網路上可輕易找到「想要這個商品」的人，換言之，這代表溝通成本的急遽降低**。

比方說，只要知道「搜尋某某關鍵字的人會想要自家的商品」，就可以用這個關鍵字投放搜尋廣告（關鍵字廣告），藉此將商品精準銷售給想要它的人。

另外，若是知道某一性別、年齡、居住地與收入層級的人有相當大的機率會想購買自家的商品，還能夠單獨針對這個族群投放展示型廣告（網路上自動出現在各種網頁的廣告）。

還有一種成本更低的行銷手法，就是向已造訪過自家官網的使用者推播自家公司的廣告。

雖然因為歐盟個人資訊法規等規範，這種方法未來將如何發展尚不明朗，但至少在現階段，這是其中一種能以低成本取得巨大成效的行銷方法。

綜上所述，至今為止的行銷策略在網路行銷上行不通，而這點對當時剛創業的我而言相當有利。畢竟，這個領域沒有先驅者。在過去實績不起作用的世界裡，資本只有1萬日圓的我，可跟那些大企業在同一條起跑線上起跑。

我很高興地投身網路行銷的世界。而後經歷多次的實踐，逐漸建立起自己獨有的網路行銷理論。

2 毫無計畫的ＡＢ測試之弊端

隨著時間的流逝，如今網路行銷早已變得相當普遍。於是便單獨誕生出與傳統行銷理論迥然不同的「網路專用行銷理論」。

如今也開始出現許多網路行銷的書，也舉辦了不少相關的研討會。

不過這裡面大多數皆為「假網路行銷」，處處都是由「完全不了解傳統行銷理論的人」所編寫的內容，其中最頻繁發生的現象是「**對資料的錯誤解讀**」。

這次我之所以會撰寫這本《向億萬電商社長學網路行銷：從廣告規劃、文案撰寫到市場分析、投報評估全面解析！》，也是因為發覺實在有太多的行銷人員過度偏重「技術行銷」，錯誤解讀數據資料的關係。

當然，網路行銷的一大優點是可以用精確的數字來衡量其效果，但那些沒有基礎行銷知識的人所做的數據分析卻過於單純。

舉例來說，網路行銷有種名叫AB測試的手法。這種行銷手法是針對想賣的商品製作並刊登A、B、C3則廣告文案，看哪一則廣告的效果最好，再決定誰是正確答案。

如果是由沒有行銷基礎知識的人來執行這套手法，有很多的案例會出現「用A、B、C做了測試以後，發現A效果最好，所以A就是正確答案」這樣過於單純的判斷。

然而，這種AB測試的做法真的正確嗎？我不禁心生疑竇。

話說回來，為什麼A是最佳答案呢？除了A、B、C這3個選項以外，難道沒有X、Y或Z之類的選擇嗎？所謂的行銷，是像這樣檢視與分析所有的可能性，再提出相應對策。考量各式各樣的可能性，並採取最佳對策的網路行銷，正是本書開頭所介紹的「基本行銷」。

另一方面，對A、B、C這3個選項做AB測試再選出最佳選項的做法，充其量也只能算是一種數位操作。可以說，這是誤解「技術行銷」所產生的不良影響。

但是，問題在於，很多人深信這種單純的操作就是「網路行銷」。

在這之前該準備什麼樣的A、B、C方案？或者需不需要預備其他X或Y方案？行銷應當要從檢視這些地方開始，不過沒有行銷基礎的人在這方面卻做得很草率。說得極端一點，很多做ＡＢ測試的例子都是先隨便想出Ａ、Ｂ、Ｃ之類的選項，再從中挑一個當正解。

尤其是那些大型網路廣告代理商製作的廣告，都是讓一些不了解商品、使用者與競品的人先大量生產廣告，再用ＡＢ測試進行淘汰，倖存下的方案就被當成正確解答。他們所實施的這種策略，亦可說是所謂偏重「技術行銷」作風的真面目。

這種ＡＢ測試單純是在比較Ａ跟Ｂ方案的優劣，在兩者都不好的情況下，也只能告訴我們哪個選項比較沒那麼差。

由此可見，**真正的行銷人該做的不是ＡＢ測試，而是ＡＢ－Ｘ測試，思考除了Ａ跟Ｂ以外有沒有其他所謂的Ｘ選項**。

話說回來，ＡＢ測試需要支付廣告刊登費。

對廣告代理商來說，只要委託他們做ＡＢ測試，就能賺到相應的廣告費（代操費），所以他們當然希望廣告主務必要做這項測試；但作為廣告主就會想壓低廣告費支出，因此希望盡量不做ＡＢ測試就找到正確答案。

特地為了證明廣告製作者沒有相關知識所做的ＡＢ測試，這世上沒有比這更無用的支出了。

3 網路行銷整體概況

在這裡，我想介紹一下網路行銷的整體情況。

如圖1所示，最重要的是：**技術行銷是基本行銷領域的一部分**。首先我們得充分認識到這一點。

之所以這樣說，是因為**要是在做了一連串技術行銷卻沒有什麼成效時，原本應該要回到基本行銷領域，也就是基礎的部分重組行銷策略**；但是那些只知道技術行銷的行銷人員卻會在當下做出「這件商品賣不出去」的判斷，我曾經見過無數次像這樣錯失絕佳機會的場景。

我在〈序言〉裡也提過，即使不懂廣告創意和商品，也可以僅憑技術行銷的技巧就取得好成績。以圖1來說，這代表即使未能掌握基本行銷領域的知識，也有機會獲得成果。

舉例而言，如果隨意決定的假設碰巧還不錯，或是原本在實體銷售（在店面等處販售商品）等方面有些許實績，在這種基本行銷的地基早已打好的階段承接廣告案的委託，只要稍微在技術行銷上努力一下即可取得成果，但這種成功經驗有時會讓行銷人員自我膨脹。

符合這種案例的人並不會意識到自己已然站在基礎行銷的地基上，而是篤信技術行銷的萬能。「雖然商品本身很優秀，但資訊蒐集或概念發想的部分卻出了差錯」這樣重要的事實卻會被他們所遺漏。

為了避免一腳陷入這種典型的失敗，以俯瞰全貌的方式了解網路行銷是很重要的。

圖1　網路行銷整體概況

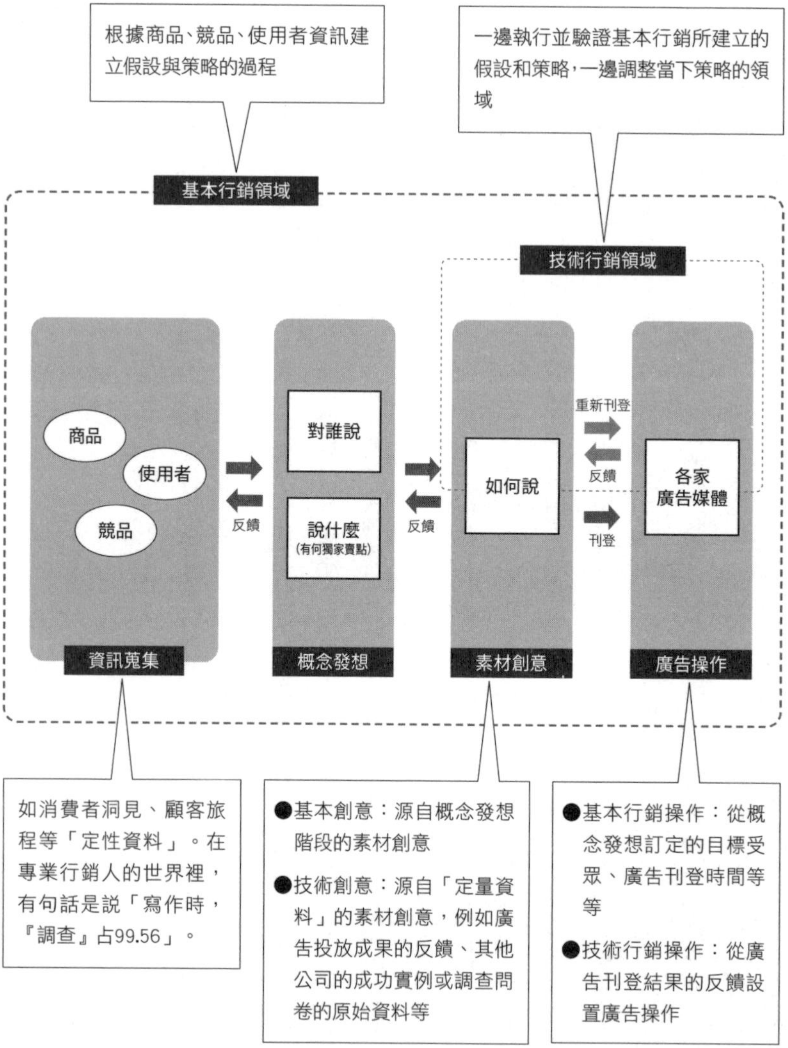

根據商品、競品、使用者資訊建立假設與策略的過程
一邊執行並驗證基本行銷所建立的假設和策略，一邊調整當下策略的領域
基本行銷領域
技術行銷領域
商品
使用者
競品
資訊蒐集
反饋
對誰說
說什麼
(有何獨家賣點)
概念發想
反饋
如何說
素材創意
重新刊登
反饋
刊登
各家
廣告媒體
廣告操作
如消費者洞見、顧客旅程等「定性資料」。在專業行銷人的世界裡，有句話是說「寫作時，『調查』占99.56」。
●基本創意：源自概念發想階段的素材創意
●技術創意：源自「定量資料」的素材創意，例如廣告投放成果的反饋、其他公司的成功實例或調查問卷的原始資料等
●基本行銷操作：從概念發想訂定的目標受眾、廣告刊登時間等等
●技術行銷操作：從廣告刊登結果的反饋設置廣告操作

4 利用數位力擴大行銷成效

網路出現前就成形的行銷理論體系無法直接套用在網路上，這一點我想大家應該都已經明白了，不過理論必須先透過理論來徹底了解。原因是倘若不了解行銷的原理和原則，網路行銷就會淪為單純的數位操作，甚至連這些操作的大部分工作，在目前也已逐漸被ＡＩ人工智慧取代。

因此，我希望透過這本同時講述「基本行銷」與「技術行銷」的書，培養出能夠熟練運用ＡＩ的網路行銷人員，而不是讓這些人被ＡＩ取而代之。

當然，並非所有傳統行銷理論都不能套用在網路行銷上。有些理論可以用，有些理論不能用。重要的是在這方面的取捨選擇，以及將其轉換成網路專用的理論。

同時，我們也會將行銷的原理原則應用在前面提到的數位操作中，藉此把它昇華成真正的網路行銷。

現在，我希望能藉由撰寫這本書，從基礎開始，告訴人們如何利用數位的力量提高行銷成效。

如前所述，我以自學的方式做網路行銷，以資本1萬日圓為起點，把自己創業的公司「日商北方達人股份有限公司」發展成東證主要市場（原東證一部）的上市企業。我認為我正是那個必須寫出真正的網路行銷的人，這才執筆寫作的。

將網路行銷的手法傾囊相授，推廣「基本行銷×技術行銷」的概念，**期盼可以藉此促使能兼顧基本行銷和技術行銷，並且以人為本的行銷術得以普及於世。**

第1部
基本行銷的精髓

第1章 基本創意概要

以方才的圖1來說，基本創意指的是「資訊蒐集」、「概念發想」、「素材創意」的過程。

首先要調查並理解「使用者」、「競品」、「商品」這3個要素，在這個基礎上，再去思考能否傳達出「對誰說」、「說什麼」、「如何說」的訊息，這一點跟傳統的行銷一樣。

不過，在網路行銷上必須考慮以下部分：

①在網路行銷上，我們不得不假定商品會被拿來「與世界各地的產品做簡單的比較」，因此必須把該商品或服務的特色表現得「一目了然」。

②網站的組成不像紙張或電視那樣以固定的尺寸顯示，而是一邊可以捲動網頁一邊瀏覽。第一句話和第一眼看到的印象是一大關鍵，如果開頭失敗，後面的內容再好也傳達不出去。

③在網路行銷上，目標市場區隔的技術日新月異。必須先了解網路行銷中廣告投放媒體的市場區隔功能，在這個基礎上再去設計人物誌。

接下來就讓我們詳細觀之。

5 「對誰說」×「說什麼」×「如何說」

網路行銷新手在規劃廣告素材（為廣告所製作的內容）時，會突然跳到構思「該如何表達」的階段，拚命去想新穎的表現手法。

但是，廣告素材並不是那種用靈光一閃的念頭或想法來撰寫的東西。

倒不如說，廣告素材是有系統地按照「邏輯思考」所制定的內容。

因此，不可以仰賴無法重現的靈感或靈光來編寫創意素材。

網路行銷新手要先知道，創意素材是由3個要素構成的，那就是：

「對誰說（對哪種人說）」×「說什麼（說哪些內容）」×「如何說（用哪種方法）」。

5-1 「對誰說」——目標使用者

首先，最開始的「對誰說」指的是「目標使用者」。

話說回來，即使是同一種商品，男性和女性感興趣的地方也不一樣。

再者，訊息傳達的呈現方式亦是不同。男性重視「受歡迎」，女性重視「有共鳴」，這一點稍後我們會再詳述。

此外，女性能分辨的顏色種類是男性的4倍。這代表在做好廣告素材後，也必須經過女性設計師的複查。

像這樣，只要目標受眾不同，就得改變該傳達的訊息或表現手法，這點應該大家都知道吧。

況且細分目標受眾也很重要，如下所示：

「正在為某某問題煩惱，卻尚未採取行動解決的人」

「其實有某某症狀，但卻毫無自覺的人」

「雖然喜歡某樣商品，可總是想著『沒有其他更好的商品嗎』的人」

在這樣精細地劃分目標受眾後，可以肯定的是，對於每種受眾該傳達的商品特色就會有所轉變。

比如說對方是個「正在為某某問題煩惱，卻尚未採取行動解決的人」，就要告訴他放任不管的風險有多高；若是「其實有某某症狀，但卻毫無自覺的人」，則必須傳遞出能夠促使他們自動意識到該症狀的訊息；而面對「雖然喜歡某樣商品，可總是想著『沒有其他更好的商品嗎』的人」時，重點則是要把相較於其他商品，自家公司產品具有壓倒性優勢的地方告訴對方。

綜上所述，設定多個目標受眾，並琢磨要對這群目標受眾傳達該商品在「說什麼（說哪些內容）」是很有必要的。

5-2 「說什麼」——商品應傳達的特色

另外，譬如在規劃某款新車的廣告素材時，就要訂定「說什麼」來傳達這輛新車的特徵。假設廣告訴求有以下6個候補要素：

- 外形設計酷炫
- 價格便宜
- 容易駕駛
- 車型小，但可乘坐人數多
- 自動輔助駕駛系統帶來的安全性
- 高超的加速性能

不管從中選擇哪一個，在之後步驟「如何說」的表達方式都會全然不同。

要選哪一個要素當主要訴求，取決於目標使用者是誰、以及競爭對手是誰，所以必須從策略的角度來考量，不能憑感覺做決定。

前面已經解釋過，訴求要素必須根據目標使用者來選擇，不過接著我會稍微提及依競爭情況的不同挑選訴求要素的方法。

比方說，在新車的廣告素材上，可以用下列方式揣摩競爭狀況：

・外形設計酷炫↓與法拉利或保時捷等品牌競爭。
・價格便宜↓與輕型車、中古車等車型競爭。
・容易駕駛↓將來會出現自動駕駛的競爭車款，而且現階段也有很多部分自動駕駛的車型。
・車型小，但可乘坐人數多↓類似的產品很多。
・自動輔助駕駛系統帶來的安全性↓類似的產品很多。
・高超的加速性能↓類似的產品很多。

這時假如想以低價為訴求，那價位至少要跟其他競品車款同級；若是想要訂定更高的價格，則可能需要跟輕型車與中古車相比，強調安全的優勢。

還有，在「自動輔助駕駛系統的安全性」和「高超的加速性能」方面，也要有能從其他公司中脫穎而出的絕佳要素，例如在第三方機構的調查中位居第一等等。

除此之外，就算在感官上極盡可能地強調家用汽車的加速性能，也完全無法打動大部分家用車使用者的心，因為這並非此客群所期望的功能。

如果在這個階段選了跟競品相較起來沒有任何優勢的產品，或是選出目標使用者本來就不期盼看到的產品，那麼無論後面步驟設計的廣告表現有多出色，都無法靠這一點提升營收。

廣告製作公司在創作廣告素材時，大多都是在廠商介紹完這個「說什麼」的部分後再著手規劃；然而，如果廠商的行銷負責人員一開始就搞錯要「說什麼」，那便拿不出什麼成績。

因此，可以拿出成果的專業創作者都會自己決定「說什麼（說哪些內容）」，或是針對這點提案。專家們會從客觀的立場出發，把最能打動使用者的「說什麼（說哪些內容）」從該商品中挖掘出來。也經常發生創作者所發現的「內容」，是站在主觀立場的廠商或商品研發者自己沒能注意到的特點。

同時，「說什麼（說哪些內容）」的部分必須是「唯有該商品才能稱頌的長處」。

例如，代代木升學講座有一句著名的廣告標語是「你想報考的學校會成為你的母校」。這句話雖然很能抓住人心，好感度也很高，但不只是代代木升學講座，任何一所補習班都能使用這樣的標語。因此從這一點來看，它並不算是優秀的文案。

此事暫且不提，網路上的商品很容易被拿來比較研究，所以即使向受眾傳達了這件商品的資訊，他們也不一定會購買，因為這些顧客可能會流向其他更便宜的類似商品。

這就是為什麼我們必須將「唯有該商品才能稱頌的長處」傳達出去，但如果說得不好，有時會讓這則訊息顯得自我感覺良好。

「這的確是該商品獨有的特點，但我對它不感興趣」的案例就屬於這種情況。

會發生這種情況的原因是「目標受眾」和「商品特色」不一致。

由此可知，我們必須把目標受眾設定為「對該商品特色感興趣的人」。

「對誰（目標受眾）說」與「說什麼（商品特色）」就像車輛的輪子一樣，兩邊不能互相配合就會導致輪胎脫落，而這樣的行銷操作將以失敗告終。

只要概念發想階段做得好，明確訂下「對誰說（對哪種人說）」以及「說什麼（說哪些內容）」，那就算是以直截了當的方式呈現，也會緊緊抓住使用者的心。

正是這套模式，使不值一提的愚蠢廣告取得了熱烈的反響。

雖然目標受眾以外的人無法理解為什麼有人會被觸動，但那樣的廣告對目標受眾來說卻是一針見血。

這樣的廣告在2種意義上很出色。

第一個理由自不用說，這種廣告能洞察受眾的心理。

另一個則是**因為受眾以外的人不懂為什麼這種廣告能打動目標受眾的心，所以被競爭對手模仿的風險就大大地減少了。**

事實上，雖然我的公司「日商北方達人股份有限公司」的廣告受到目標受眾的青睞，但卻不為目標受眾以外的人所知。讓我切身體會到這件事的契機，就是每年召開一次的「日商北方達人股份有限公司」股東大會。

在股東大會上，經常有人詢問：「我都沒看到北方達人的廣告，是因為宣傳不夠嗎？」這個提問對我來說等於一種褒獎。

為什麼呢？明明北方達人的營收正在攀升，他們卻看不到廣告。這代表廣告只精準傳遞給目標受眾，並未推送到受眾以外的族群，而提出這個問題的股東並不是商品的目標受眾。

也是因為這樣，超一流的行銷人最終會寫出一篇簡潔的文案。

但在寫出這篇簡潔的文案之前，超一流行銷人會耗費大半的時間在決定「說什麼（商品特色）」上。

5-3 「如何說」——適當的表達方式

當「說什麼（說哪些內容、商品特色）」不夠突出時，就只有在「如何說（用哪種方法）」的創意表現上多費點心思。然而，不論多努力打磨「如何說」的部分，也無法從根本上實現「商品的差異化」。

在店面POP廣告這種看到廣告就「當場」購買的情況下，努力鑽研「如何說（用哪種方法）」的部分會很有幫助，但在研究比較很方便的網路廣告上，這種做法卻行不通。即使有好的廣告表現，抓住了使用者的心，使用者通常也會先搜尋相同性質的商品，再決定要買哪一個。因此，**在「如何說（用哪種方法）」耗費心力，雖有助於「拓展市場」，對自家商品銷售的貢獻卻很小。**

即使這種表現手法行得通，也會因被競爭對手模仿而告終。

在網路廣告這種不管多優秀的創意都能用10秒模仿出來的世界裡，去挖掘「說什麼（商品特色）」，找到只有這個商品才能稱頌，且觸動其使用者內心的特點，比起鑽研「如何說（用哪種方法）」還重要好幾倍。

無論在「如何說（用哪種方法）」下多少苦工，創造出多稀奇古怪的表現手法，只要錯失「對誰說（對哪種人說）」、「說什麼（說哪些內容）」，就會讓成品變成「雖然有趣，但對這個商品沒興趣」的廣告。

舉個例子，請各位看看圖2的廣告創意。這是日本西武ＳＯＧＯ百貨２０２０年刊登的廣告，當時這個創意曾經引爆熱潮。廣告中的宣傳主標是「來，讓我們翻轉人生。」，同時附了一篇短文。這篇短文的架構很有意思，從上往下讀起來很消極，但從下往上讀時，內容卻顯得積極而有勇氣。

這則廣告因其有趣的概念表現在網路上造成轟動，躍升熱門話題，所以可能有些人已經看過了。

我確實也覺得這則廣告作為「作品」來說很有意思。但在熱潮過後，卻從來沒聽說西武ＳＯＧＯ百貨有因為這則廣告增加營收。

答案顯而易見。這則廣告雖然在「如何說（用哪種方法）」的表現上很有意思，可是內容卻完全看不到只有這家百貨公司才能訴諸於口的特色。

就算這樣的廣告設計讓人覺得「這家百貨公司的廣告真不錯」，也不會發展成「因為廣告很不錯，所以到這家百貨公司買東西吧！」。

一般而言，在挑選百貨公司時，大部分的人會依據地段便利性、價格、商品種類、服務等方面做選擇。由此可見，百貨公司的廣告訊息必須含有地段便利性、價格、商品種類或服務等優勢，不然就要是凌駕在這些優勢之上、該百貨獨有的優點，否則無法吸引到顧客。即便廣告

圖 2　紅極一時的西武 SOGO 百貨廣告創意

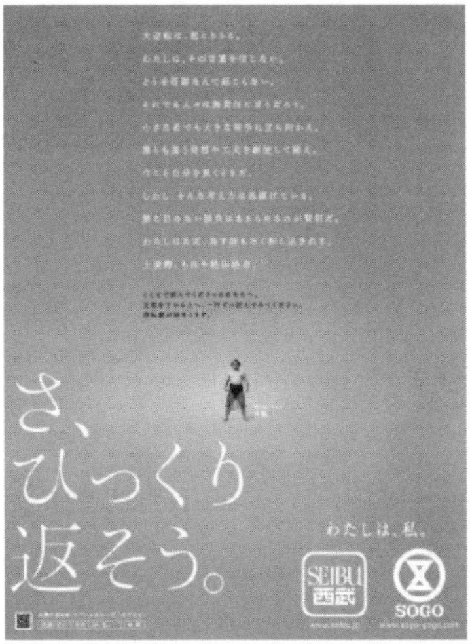

出處：西武 SOGO 百貨（https://www.sogo-seibu.jp/ss/topics/page/award20-watashiwa-watashi.html）

給人的印象再好，消費者也沒有單純到會因此而選擇這家店。

事實上，百貨公司廣發特價傳單的銷售成效反而遠遠超出許多。這則西武ＳＯＧＯ百貨的廣告雖然深受普通人的讚許，但一部分的專業行銷人卻以冷靜的目光看待這個現象，並心生疑慮——「花這麼多錢做這種廣告，這家公司沒問題嗎？」

接著沒過多久，該百貨公司在２０２２年２月決定出售。

站在專業人士的角度，從一則廣告就能預測企業發展動向。**廣告不是作品，它終究是商業策略的一部分**。所謂的廣告就是這麼重要的東西。

關於行銷，可以說「辨識度」及「好感度」跟「營收」的關係並沒有那麼緊密。更進一步地說，「利潤」與「辨識度」及「好感度」幾乎「完全無關」。

比方說，經常看到的情況是：相較於任何人都知道且形象良好的商品，那些幾乎沒什麼人知道的其他同類商品反而利潤更高。

以前吉野家開辦牛丼飯快餐專賣店時，打出「迅速、方便又好吃」的宣傳標語，這個手法是以開門見山的方式，向受眾展現吉野家的特色在「說什麼（說哪些內容）」。這句話也許不怎麼時尚帥氣，但只要一行字就能傳達出對消費者的益處，讓看到這則電視廣告的消費者一窩蜂地湧向吉野家。

再重申一次，創意文案是由

「對誰說（對哪種人說）」

「說什麼（說哪些內容）」

「如何說（用哪種方法）」

這3個因素所組成，一開始定下適合的「對誰說（對哪種人說）」以及「說什麼（說哪些內容）」很重要。

接下來，將實際說明決定這些因素的過程會以什麼樣的步驟進行。

6 徹底研究商品、使用者與競品

圖 3　不了解商品的人寫出來的廣告範例

【通勤不再需要定期票】

擁有4個輪胎之多，穩定性絕佳。
只要轉動方向盤就能自由地左右移動。
坐電車要耗費1小時的距離，僅僅45分鐘就能輕鬆抵達！

已經不需要通勤定期票了！

新上市
法拉利458 Spider　3200萬日圓

現在只要全家購入2輛法拉利
就可以獲得家庭價7%的優惠！

要決定「對誰說（對哪種人說）」、「說什麼（說哪些內容）」，得先從了解下列3種訊息著手：

- 該商品全貌
- 使用者
- 競品資訊

僅憑手頭上的商品資料是做不出好廣告的，因為大部分的商品資料對使用者和競爭對手的情況都只寫了個大概。如果不先經歷了解「使用者」、「競品」和「商品」的階段就開始製作廣告素材，會發生什麼事呢？請各位看一下**圖3**這篇廣告文案。

各位搞不好會想說「這寫的什麼東西」，但不懂汽車和法拉利的人做出來的廣告就是會變成這樣。

這篇廣告只把法拉利當成有4個輪胎的交通工

具，並將法拉利對使用者而言的好處設定成「無需乘坐電車就能出行」；同時還對市場行情沒有概念，不知道3200萬日圓的汽車是貴還是便宜。

這個例子可能感覺比較極端，但完全不懂化妝品的男性所做的化妝品廣告，在女性看來多半跟這樣的廣告差不多。

事實上，我們公司新來的男員工剛開始做的化妝品廣告便是這種等級，也有不少網路廣告代理商會恬不知恥地交出這種水準的廣告。

行銷人員必須做「法拉利458 Spider」的廣告，而不是「汽車」的廣告；同樣地，「化妝品」的廣告亦是如此——必須做「該商品」的廣告，而不是「化妝品」的廣告。

也就是說，**要製作這個商品的廣告，必須調查全世界數萬件化妝品，並從中找出「唯獨該商品能誇耀的地方」**。

因此最重要的是，要比任何人都了解「使用者」、「競品」與「商品」。

7 為何會出現網妖穿幫現象？

各位有聽說過「網妖（nekama）」這個詞嗎？人們把在網路上佯裝成女性的男性喚作「網妖」，這個詞是對「網路上的人妖」的戲稱；而「網妖」被人發現的話，就稱為「網妖穿幫」。

至於為什麼會提到這個話題，其實是因為有愈來愈多的行銷人員為了行銷而活用自家公司或客戶的社群帳號，結果導致這種「網妖穿幫」的情況層出不窮。原因在於，有很多行銷人都小看了一個步驟，那就是去了解「商品」、「使用者」和「競品」。

這種現象的背景，源於網路上的廣告和創意缺乏像平面或電波媒體那樣的審查功能，欠缺占用公共資源的責任感，而且本來進入這一行的門檻就相當低，致使行銷人員的平均水準偏低。

- 顯然是男性創作的女性商品廣告
- 顯然是女性創作的男性商品廣告
- 顯然是年輕人創作給中老年人的廣告
- 顯然是不懂家務的人創作的家電廣告
- 顯然是周遭沒有有錢人的人創作給有錢人的廣告
- 顯然是沒搭過豪車，也不明白其價值的人創作的廣告

會做出這樣的廣告，也是因為做出廣告的人未能掌握「商品」、「使用者」和「競品」。製作者本人或許是很認真的在做這些廣告，但若從目標受眾的角度來看，有很多廣告都穿幫露餡，讓人知道「這應該是不熟商品的人做出來的」。這樣的廣告不僅賣不動商品，也會令該公

司喪失使用者的信任。畢竟這種憑空捏造的廣告是對那些認真研究商品的人的褻瀆。

舉例來說，我身為一名中高齡男性，曾經看過完全不了解中高齡男性的年輕人所設計的中高齡男性專用商品的廣告。

當時我內心就萌生**「一家完全不了解使用者的公司，其生產的商品品質自然不可能好」**的想法，而且覺得這家公司製造的商品全都不可靠。

這種網妖穿幫的廣告將會妨礙該公司的生意。但這不是網妖的錯，讓那些無法理解使用者和商品，只做得出穿幫廣告的人來做這些廣告才是問題所在。

「網妖穿幫」是「行銷人之恥」。

第2章 先期調查

要避免廣告自相矛盾，做出可準確打到目標受眾的廣告素材，做好先期調查是一大重點，這種調查的關鍵在於訂定一個終極目標。而對行銷人員來說，做調查的終極目標是能否「用自己的語言向他人介紹商品的魅力，讓對方說出『想買』兩字」。

本章將針對商品和使用者等行銷上不可或缺的事物，說明調查研究的方法。

8 完全精通「先期調查」的方法論

想要了解商品，至少必須先聆聽商品企劃或研發人員的想法，或是查閱該商品的資料；不過要把從商品企劃或研發人員口中聽到的訊息一字不差地傳遞出去，並讓其他人說出「想買」這個商品，那就頗為困難了。

原因在於，商品企劃或研發人員畢竟還是站在企劃或研發商品的角度來發表言論，就算將這類內容告知消費者，也不太能傳達出商品的魅力。

比如，假設商品研發人員說：「這件商品添加了很稀有的成分A，而且唯獨本公司的商品有此成分。」如果我們把這段內容原原本本地告訴消費者，會發生什麼事？

「有加A又怎樣？」

「我又不是特別想要有A的產品……」

對消費者來說，最終只會讓他們產生這樣的疑惑與感想就沒下文了。

如果是實體店鋪的臨櫃銷售人員之類的人物，當下很有可能會被詢問有關販售商品的詳細資訊，因此他們會做好充分的準備，讓自己具有回答這些提問的知識。**而在網路廣告的情境下，行銷人員必須把自己當成銷售員，至少要想像得出消費者可能會有的疑問，並掌握能夠充分理解與傳達相關知識的能力**。就網路廣告而言，即使網站上的商品說明很籠統，使用者也不會一一提問，只會直接關掉網頁。為了不發生這種事，最起碼得在明白

「成分A有什麼效果？」

「為什麼這種成分很稀有？」

「為什麼其他公司不添加此成分？」

這些基本資訊上製作販售網頁，然而有時即使向商品研發人員確認，對方也有可能會回答：「只是聽原料廠說這種成分相當罕見，而且其他公司都沒添加，但不太清楚原因。」

這時，行銷人員就得自己找原料廠商諮詢，或是自行查閱相關資料。

商品研發人員的工作是做出高品質的商品，而行銷人員的工作則是蒐集要傳達給消費者的資訊，並將這些內容加工成容易傳達的訊息。

還有，廣告代理商要是僅憑客戶提供的資料製作廣告，那就只是單純的傳信鴿而已。一定

要調查到自己能夠理解、接受為止，才是專業人士的做法。

假如情報蒐集的結果顯示，事實是「A成分之所以稀有，單純只是產量不多。其他公司不採用這種成分的原因，在於有其他更便宜的類似成分可替代」，這就意味著該成分本身不存在優勢，無法成為賣點。

行銷人員不能把從商品企劃和商品研發人員那裡得到的資訊原封不動地轉達給消費者，必須自己蒐集資料，將可用資訊重組成商品的「賣點」。為了建構「賣點」而蒐集資訊後，假設結果有了這樣的發現：

「要解決某某問題，可採用一種名為B的成分，但B成分存在某某缺點。然而因為B的價格便宜，所以很多公司都使用有B成分的配方。另一方面，A成分也能解決這個問題。A成分不會產生B的缺點，但就是難以製造，無法大量生產，價格也很高。於是該公司跳過中盤商，選擇直接將商品賣給顧客，如此便能把中盤商的分潤用來填補原料價格。因此就算成本很高，也仍然採用成分A。」

接著以此為基礎，直接口頭向消費者說明，確認對方是否因此萌生購買欲望。

「請看，這是本公司的成本率數據。是不是比其他公司高呢？為什麼會這麼貴，就是因為省下中盤商的環節，採取直接銷售給客戶的形式，將中盤商分潤用在優質原料的生產上。例如，為了解決某某問題，我們在商品中添加了一種叫A的稀有成分。這種成分很難製造，無法大量生產，導致成本高昂，因此其他公司便選擇添加更便宜的B成分。雖然B有某某缺點，可為了成本考量，不得不採用這個成分；然而本公司由於省下了中盤商分潤，所以在產品中添加了雖貴但品質佳的A。當然，除了A以外，我們還用了許多很好的原料。」

像這樣，不僅提到「使用A成分」的資訊，還傳達出「使用A的背景」，讓消費者感覺該商品不只A，連A以外的成分都很好。

不過，如果消費者的反應是「即便明白廠商的顧慮，但不是很在乎B成分的某某缺點」，或許還是很難把稀有成分A當作賣點。

在這種情況下，就必須一遍又一遍地與消費者溝通，在觀察他們反應的同時找尋這件商品的其他賣點。

這些工作一定都要面對面進行，不能透過問卷之類的工具。因為像是下面這幾個問題：

「為什麼消費者沒共鳴？為什麼消費者感興趣？要怎麼換個說詞讓他們感興趣？」

每一個都得在現場的你來我往中確認。

9 透過訪談了解使用者

定下調查目標後，接著該做的就是蒐集目標使用者的情報。

一般來說，在商品企劃階段應該就設定好某種程度目標族群，所以要以此為起點深入挖掘目標使用者的情報。

最好的方法，就是對目標使用者進行一對一的訪談。

這麼做是因為，如果是邀請多名使用者到公司會議室的團體訪談，不可避免地會出現太客氣、形式化的答案。如果經營的是生活用品類產品，最好取得使用者同意，直接到對方家裡拜訪，親自感受對方的生活方式。

說是這麼說，但有時很難做到。遇到這種情況，我們可以透過網路進行訪談，在某種程度上窺見對方家裡的環境。如此會比較容易掌握這個人在什麼樣的環境下生活，追求什麼樣的產品。這樣一來，迄今為止從未想過的創意就會源源不斷地浮現。

即使無法達到這個級別，**也至少應該在使用者訪談中吸收「關鍵字」和「消費者洞見」。**

在進行顧客訪談時，行銷人員的正確態度是「一邊了解消費者洞見，一邊檢視關鍵字」。

具體而言，就是在進行訪談時提問：「這麼說，客戶您的想法是○○，那麼這是否代表，當您聽到○○○這個詞時會有好感？」以此類推，每次都要逐一確認自己對消費者洞見的理解是否正確，以及代表這個洞察意見的關鍵字是什麼。

只要透過這種方式進行訪談，那在使用者訪談結束的階段，下一個步驟該「對哪種人」、「說什麼」、「用哪些詞彙」的素材就全部到位，馬上能著手進行廣告製作。

在專業網路行銷人的世界裡，做完使用者訪談的隔天立刻完成一套廣告素材是理所當然的事。

如果只是觀看別人做的使用者訪談或錄影，就無法參與「驗證資訊的提問」，這樣無論如何都不可能蒐集到讓自己滿意的資訊，也沒辦法在當場直接與對方確認自己的假設是否正確，因此很難以此為基礎馬上生出一套廣告素材。

由此可見，行銷人員必須學會自己做訪談。要是永遠依靠他人提供的情報製作廣告，就無法脫離助理和操作人員的範疇，也沒辦法成為真正的網路行銷人。

對於訪談，一開始或許會不知道該怎麼做才好，不過，各位可以從周遭找1名熟人開始嘗試。

在產生這個想法時，只要請認識的人撥出15分鐘，便能利用zoom之類的軟體進行訪談。

等習慣以後，再慢慢地去找更接近目標受眾的人訪談就行。

10 研究社群網站、知識＋、評論網站與問卷資料

一旦藉由訪談在一定程度上掌握消費者洞見和關鍵字，就在Yahoo!知識＋（台灣現已終止服務）、Amazon及社群網站（Twitter或Instagram）等媒體上搜尋關鍵字，並閱讀同類人的發文。這樣一來，就能在腦海中輕鬆描繪出目標受眾的生活方式，並加以理解。

在這個階段，不可以搬出「30多歲女性最感興趣的Best 10」這樣的問卷調查，就以為

自己做了研究。

這類問卷調查說到底也只是「30多歲女性的數據資料」，裡頭包含那些不是你要行銷的商品目標使用者的人。另外，問卷調查一般都是由負責分析的人列出選項，再讓填寫者從中選擇。而且分析人員有時還會憑藉自己的獨斷意見，把自由填寫的欄位總結成關鍵字，再進行排名。總之，分析結果會摻雜很多分析人員的主觀評價。

退一百步講，如果想運用問卷調查的資料，那麼就要先明白一件事：從選定受測對象、設計問卷到結果的分析，全都要自己親自下馬操刀。

11 適當聽取專家意見

作為調查的一環，在向「專家」請教的時候也要留意。以前我曾去聆聽某位大學教授對某種成分的演講。

教授：「我們發現這個A成分的生髮效果極佳。因此我認為，只要在生髮劑裡添加A，就會產生非常好的生髮效果！」

我　：「原來如此，這樣我明白A的厲害之處了。那麼它跟過去使用的生髮成分B相比有多好呢？」

教授：「我是A成分方面的專家，B成分不是我的專業，所以這一點我不清楚。」

常見的情況是，輕易認為「專家說的話不會錯」，便採納成分A來製造生髮劑，最後結果揭曉，卻發現其成效不如原本的成分B生髮劑。

該名教授不是研究「生髮成分」的專家，而是研究「A」成分的專家。更精確地說，他是「研究A成分生髮效果的專家」。

所以有可能會知道A成分有生髮效果，但不知道它是否比B成分好。如果想做出更好的生髮劑，就應該要從A、B、C成分的專家蒐集資訊，比較研究後再決定採用何者。

要依賴專家的是「意見、情報或知識的提供」，而不是「做判斷」。

自己的商業判斷，終究還是得自己來做。

這個案例的重點在於，如果自己不知道B跟C的存在，教授也不會特意提起B，最後搞不好就採用A成分。

換言之，自己必須站在「能決定哪種生髮成分更好的專家」的立場上去思考。

所以我在諮詢專家意見之前，一定都會先自行研究一番。

只要在網路上查閱2～3小時，就能把握一定程度的概略資訊。

「專家說的話就是對的」是種錯誤的臆測。

要避免這樣的臆測或判斷錯誤，得事先了解該專家的專業範疇，還有他是以什麼基準來判斷成分的好壞。如果事先自己調查過，就會更容易看清這一點。

此外，對於自己不擅長的領域，尤其是那些容易因為月暈效應（某個領域的專家，在其專業以外也令人覺得具權威）而盲目相信，覺得「這個人什麼都懂！」的部分，就要靠事先的研究來防範。

專業領域往往出乎我們意料地狹隘。

在商業領域上，讓自己的事業走上正軌的專家必須是自己本人。

「專家這麼說，所以就是這樣」的想法是捨棄了自己的工作。

「參考專家意見後，我做出這樣的判斷」——我們應該像這樣，為自己的判斷負責。

12 使競爭對手的行銷策略無所遁形

一旦利用上述手法掌握了目標使用者的想法意見，接著就要思考這個商品的目標使用者會在哪個搜尋引擎上搜尋「什麼樣的搜尋字詞」。

實際調查後會發現，有些人是直接輸入商品的種類名稱，也有很多人是查找某個煩惱的解決方法或原因。

想讓他人知道自己公司的商品時，要是直接用那個搜尋關鍵字來搜尋，不曉得會出現哪些競品的廣告呢？

而且還得去考量競品與自家公司商品之間的差異。如前所述，廣告訴求的要素是什麼？各個訴求對應的廣告是什麼？這些都必須在調查的同時仔細觀察。

在這個步驟，不能只用關鍵字規劃工具等方法，讓機器提取搜尋關鍵字就以為結束了。

比方說在販售寡醣健康食品時，了解一下搜尋「寡醣」的人，會一併搜索其他哪些字詞。若是用工具來提取，就會出現大量的搜尋關鍵字，像是「寡醣　成分」、「寡醣　提取方法」等等。

然而，這些關鍵字只不過是「以商品為出發點」的關鍵字。

更重要的是「以使用者為出發點」來思索關鍵字。

例如，寡醣對「便祕」有效。根據這個點，可從年齡、性別、生命事件等各項要素考量，思考便祕的使用者會搜尋什麼樣的關鍵字。

「女性在經歷懷孕這個生命事件時很容易便祕，於是會使用『懷孕　便祕』等字詞來搜尋。由於『瀉藥』類的藥物容易引發流產，所以孕婦不太使用。從這一點來看，如果向她們推薦寡醣這種能自然改善體質、幫助排便的商品，購買機率就會很高。因此，搜尋『懷孕　便祕』的人都是該商品的目標受眾。」

要透過這樣的方式全盤考量。

就算在這個時候以「寡醣」為出發點探尋關鍵字，也不會出現「懷孕」這個詞。用「寡醣」這個以商品為出發點的搜尋字詞，只能找出「對寡醣感興趣」且正要購買的人，這代表很多潛在使用者都會被遺漏。

思考關鍵字時「以使用者為出發點」去搜尋，不曉得各位明白這個動作的重要性了嗎？

此外還有其他的例子，譬如搜尋「懷孕　便祕」等字詞，廣告與搜尋結果裡會出現大量「（消除便祕）按摩法」的相關書籍或DVD等產品。這麼一來，就會發現「寡醣」其實是在跟「按摩法」的書和DVD競爭。

如上所述，不僅要從商品出發，還要從使用者的角度來了解競爭對手。

美國管理學家麥可．波特在《競爭戰略》（天下文化）中，提到以使用者為出發點了解競爭對手的「五力」。

麥可．波特指出，左右事業成敗的五力不僅包括現有的競爭對手，還有供應商、客戶、新參與者以及替代產品的銷售者。

寡醣本身就可以視為瀉藥的替代品，除了寡醣，還有很多公司都在販賣這類替代商品。

而且，出現全新參與者的案例也很有可能發生。

競爭狀態會像這樣不斷變化，因此不該只在剛開始做廣告的時候留意，重要的是得定期掌握情況。

13 搗毀「不買商品」的選項

如前所述，競爭對手不一定是「相似競品」，「並非商品的競爭」也不在少數。

舉例來說，假設30歲的人想更換智慧型手機的電信商，那在日本，NTT docomo、au、SoftBank、樂天電信以及其他廉價手機電信商等公司都將互為競爭對手；**但若是以安全為考量，要讓80歲的爺爺攜帶智慧型手機的話，對於手機電信商來說，最大的競爭對象是80歲爺爺「不想擁有手機」的情感**。

80歲的爺爺可能會想，「總覺得很麻煩，而且就算沒有新型手機也活到現在了，今後又不知道還能活多久，所以實在不想要。雖然兒子為了安全，一直嘮叨著要我拿，但我還是不想管他，能不拿就不拿」。

如果告訴這個人「docomo比其他電信商更好」，那就是沒抓到重點。

對這個人來說，選項不是「docomo、au、SoftBank、樂天電信、其他廉價電信商」，而是「要還是不要」。因此，必須摧毀他心中「不要」的選項，或是讓對方「想要」。

那麼我們一開始該向這個人傳達什麼樣的訊息呢？

並非「某某電信商很便宜」，而是「可以每天和孫子見面聊天」。

14 以「銷售文案四階段」排除競爭對象

我想大家應該已經了解，「目標使用者不同，競爭對象也不同」，「競爭對象不同，需要傳達的內容也不同」。

那麼，怎樣才能讓這些「競爭」浮出檯面呢？我所採用的是名為「銷售文案四階段」的方法。關鍵是把「競爭」當作是一種「選項」，可按下面的步驟進行。

若已先設定好目標使用者，就利用四階段的下鑽分析來刪除選項。

例如，想販售的是可以自己在家使用的生髮劑。倘若目標受眾是最近剛注意到頭髮稀疏，並希望採取一些行動的30多歲男性，那麼這四階段中，第一階段的選項如下：

【第一階段　大分類選項】

選項①……前往某處（醫院或美容沙龍）
選項②……在家護理

在這個階段，為了讓顧客選擇「在家護理」，必須將「前往某處做護理的缺點」和「在家護理的好處」都傳達給顧客。想一想這兩者的內容。譬如這種感覺：

【第一階段　大分類選項】

選項①……前往某處（醫院或美容沙龍）＝〔缺點〕定期前往很麻煩。感覺會被推薦各式各樣的高價服務，很恐怖。

選項②……在家護理＝〔優點〕在日常生活中就能做。如果不喜歡，自己就能立刻決定中止護理。

假設在這個大分類的當下，我們成功引導顧客選擇「在家護理」。

接著要設定第二階段的中分類選項。設定選項時，並不是一開始就把四階段的所有選項全都設想好，而是先制定第一階段的選項，對比研究過後，再針對剩下的選項思考設定第二階段的選項。

在第一階段選擇「在家護理」的情況下，第二階段的選項可以是保健食品，也可以是生髮劑。

【第二階段　中分類選項】

選項①……保健食品

選項②……生髮劑

因為想賣的是生髮劑，所以必須在這裡搗毀保健食品這個選項。

比方說，可以是下述形式：

【第二階段　中分類選項】

選項①……保健食品＝〔缺點〕保健食品是藉由口服攝取有效成分，經胃消化後，再由血管進入體內。但有效成分不一定會到達患處，有時會抵達身體其他部位，導致頭皮以外部位的毛髮茂盛。

選項②……生髮劑＝〔優點〕因為是直接塗抹患處，所以有用成分能直接到達需要的部位。

最好是既有推薦選項的優點，也有要撇除的選項的缺點，但要是想不到，也可以只列出缺點，讓顧客以排除法做選擇；或是只列出優點，使其積極作出選擇。

這時已經排除了保健食品的選項，進入接下來的第三階段。

【第三階段　小分類選項】

選項①……黏稠的液體

選項②……清爽的液體

若是將生髮劑的競品逐一列舉出來，像這樣太過詳盡的比較由於會讓使用者感到困惑，所以要盡量從材質（質地）來設計選項，例如「乾爽型」和「黏稠型」，一口氣把跟自家公司不同類型的商品都排除在外。

如果自家公司的商品是清爽型，就會是類似下面這樣的形式：

【第三階段　小分類選項】

選項①……黏稠的液體＝〔缺點〕要是在吹乾頭髮後再用，髮絲容易變成一束一束的，使得頭皮看起來更明顯，反而令人感覺頭髮格外稀疏。

選項②……清爽的液體＝〔優點〕塗在頭髮上也不會影響髮型。

另一方面，如果自家商品是黏稠型，則會變成以下形式：

【第三階段　小分類選項】

選項①……黏稠的液體＝〔優點〕因為是有黏度的液體，所以塗完會留在頭皮上，慢慢滲透到皮膚底層。

選項②……清爽的液體＝〔缺點〕因為質地清爽，所以塗抹後，成分還未滲透前，就會啪嗒啪嗒地滴在額頭和脖子上。

如此一來，就不用逐一擊潰競品，而是像這樣將其分類後，再一次性地把同類競品從選項中排除。

到了這個階段，才能開始與競爭「商品」比較。

假如在這時對於每項競品做太過詳細的解說，就有誹謗其他公司商品的危險。另外，日本《藥機法》禁止化妝品等產品與其他公司的商品比較功效，所以盡量在第三階段的小分類裡把大部分的選項排除，第四階段的最小分類就只會剩下零星幾種選項。當然，最理想的狀態是只剩下自家公司的商品。

【第四階段　最小分類選項】

選項①……自家商品＝〔優點＆缺點〕
選項②……競品A＝〔優點＆缺點〕
選項③……競品B＝〔優點＆缺點〕
選項④……競品C＝〔優點＆缺點〕

總體而言，這4個階段會如之後的**圖**4所示，呈現下鑽型。

經由這種排除選項的過程來編排銷售文案，就會變成下面這樣：

圖 4　銷售文案四階段

	選項①	選項②		
第一階段 大分類選項	前往某處（醫院或美容沙龍）×	在家護理 ○		
第二階段 中分類選項	保健食品 ×	生髮劑 ○		
第三階段 小分類選項	黏稠的液體 ×	清爽的液體 ○		
第四階段 最小分類選項	自家商品 ○	競品 A ×	競品 B ×	競品 C ×

［範例文案］

正在為頭髮稀疏思考對策的你！

我想大家應該都知道，增加髮量的對策並非一朝一夕就能見效，必須要長時間堅持下去，但如果要長期抗戰的話，定期去醫院或沙龍護理會很辛苦吧？ **↑第一階段排除選項**

希望能在自己家裡，不必勉強也能堅持下去，我想這應該是各位的真心話。

那麼，就算要持續在家中護理，也有保健食品和生髮劑2種選擇，大家可能會思考到底哪一種比較好。

其實建議各位雙管齊下。

但如果只能選其中一種，那我會更推薦使用生髮劑。

保健食品是藉由口服攝取有效成分，經胃消化後，再由血管進入體內。但有效成分不一定會到達患處，有時會抵達身體其他部位，導致頭皮

以外部位的毛髮茂盛。 **↑第二階段排除選項**

從這點來說，生髮劑因為是直接塗抹患處，所以有用成分會直接到達需要的部位。

不過市面上有各式各樣的生髮劑，我想各位會感到迷茫，不知該選哪個比較好。

首先，最好選擇比較清爽的劑型。

有的生髮劑相當黏稠。

這種產品要是在吹乾頭髮後再用，髮絲容易變成一束一束的，使頭皮看起來更明顯，反而令人感覺頭髮格外稀疏。這樣不就本末倒置了嗎？ **↑第三階段排除選項**

所以，我會推薦即使塗上去也不會影響髮型的清爽型生髮劑。

到這邊，前面的銷售文案已經把各個選項都排除了，剩下的就只有「清爽型生髮劑」這個選項。在這個選項裡，我們要向顧客宣傳自家商品有多好。

第3章 要「對誰說」

要「對誰說（對哪種人說）」×「說什麼（說哪些內容）」×「如何說（用哪種方法）」呢？

在這一章中，我們會先思索「對誰說」的部分，此處的「對誰說」指的是「目標使用者」。能夠多深入理解目標使用者，將大大影響接下來「說什麼」的訊息準確度。

關鍵在於：分別從「以使用者為出發點」和「以商品為出發點」設定目標受眾。另外，本章也會解開設計人物誌時的常見誤解，同時說明正確方法。

15 在鉅額廣告費的背後

訊息要「對誰說」？在設定目標受眾時，有件事希望大家先有所了解。

- 柏青哥
- 消費者貸款

・申請返還溢繳金
・手機遊戲APP
・廉價智慧型手機

這些東西都有一個共同點，那就是它們都是曾大量投放廣告（尤其電視廣告）的行業和公司。

而且，各位注意到了嗎？**這些行業的目標受眾全都一致**。

讓我們依序說明。

首先，柏青哥是會讓「投機心」很強的人「一不小心就把錢花在上面」的娛樂。這種娛樂會吸引曾中過大獎的顧客持續消費，而容易成癮的使用者則會一直消費到他們花了太多錢為止。柏青哥本身是利潤很高的產業，所以柏青哥生意很賺錢，可以大量地刊登廣告。

那麼，那些過度消費、有柏青哥成癮症的人會怎麼做呢？錢不夠了，就去申請消費者貸款。消費者貸款過去是一項高利率且高賺頭的業務，可大量刊登廣告。

不過2010年，修改後的《貸款業法》在日本全面實施，從中產生由律師事務所自消費者貸款取回資金的「申請返還溢繳金」業務，該業務的對象正是上述的消費者貸款使用者。這種商業模式也非常有利可圖，畢竟它將消費者貸款業務的利潤連根拔起並收歸囊中，於是可以大量刊登廣告。

但申請溢繳金返還在法律上有「時效」，因此市場逐漸縮小，廣告也隨之減少。

於是，便開始有新的產品觸及這些人，也就是「手機遊戲ＡＰＰ」。

手機遊戲ＡＰＰ裡頭設計了名為「轉蛋」的機制，這種機制跟柏青哥一樣具有「投機心」與「成癮性」的元素。不出所料，這種在手掌上就能體驗柏青哥遊戲般的興奮感，而且沒有年齡限制的手遊大受歡迎。不管是１００個人玩，還是10萬個人玩，手遊的成本都不會有太大的變化。只要能紅，遊戲就能賺錢，所以便能大量地投放廣告。

沉迷手遊的人雖然會因為課金付費而缺錢，但絕對不會割捨他們的智慧型手機。而觸及這些人的，正是「廉價智慧型手機」。

由於要進入手機事業在日本有授益處分這個難關，所以只要獲得使用者就能賺大錢，因此得以大量投放廣告。

這類大量刊登廣告的公司和業界，瞄準的都是「同一種人」。

這裡的「同一種人」，指的是「投機心」強，有過度消費傾向的人。

當然，並非所有的柏青哥粉絲、消費者貸款用戶、申請返還溢繳金的人、遊戲玩家與廉價智慧型手機使用者都是這樣的人，但當中很多這種人是事實。

由此可知，**藉由Ｂ２Ｃ成長且大量投放廣告的行業，多為「煽動投機心的產業」及「其周邊產業」**。

實際上，從過去到現在，會購買大量電視廣告的行業有以下幾種：

【煽動投機心的產業】

・JRA日本中央賽馬會
・賽艇
・柏青哥
・彩券
・加密資產（虛擬貨幣）

【周邊產業】

・消費者貸款
・申請返還溢繳金
・廉價智慧型手機

B2C商務的目標受眾不是「有錢的人」，而是「會花錢的人」。

比起有錢不花的人，瞄準沒錢也願意借錢來花的人更能增加營收。其中最典型的生意就是「投機產業」，這點應該從上述例子便可看出。

為什麼作為振興經濟的對策，以賭場為核心的IR（綜合度假村）在日本備受期待，原因就在於此。

「投機產業」雖然帶來了巨大的經濟效益，但同時也一併帶來「成癮」的負面影響。行銷依用法不同，有時也會成為摧毀他人人生的手段。作為一名消費者，作為一名經濟人，我們不可忘記保有在這方面的平衡。

16 九層使用者需求

這邊我會介紹設定目標受眾的具體方法。

一種是以「需求」為基礎，對該需求的強度進行階段式分類。簡單來講，需求的強度也可以說是「痛苦」的強度。換言之，**使用者的煩惱和痛苦愈是強烈，在這方面就存在愈強烈的解決需求**。

下面將使用者的情況分成9個層級，以便從使用者的煩惱和痛苦為出發點思考。

①未意識到解決對策的必要性。

②有意識到解決對策的必要性，但認為「煩惱和痛苦只是暫時的」。

③對解決對策的必要性有所自覺，也覺得煩惱和痛苦不是暫時的，卻沒有採取任何措施（也未曾尋

找對策）。

④開始研究各種解決對策。

⑤相當詳細地研究了各種解決對策。

⑥開始採取解決對策（購買某樣商品）。

⑦已採取的解決對策中有自己喜歡的商品，而且很滿意。

⑧雖有喜歡的商品，但在想「有沒有其他更好的商品」。

⑨用過五花八門的商品，結果還是沒有一個感到滿意。

這裡我們以雄性禿（AGA）為例，試著思考看看必須傳達出去的訊息：

①未意識到解決對策的必要性。

↓　認為自己的頭髮還不算稀疏。

據說八成的30多歲男性都有隱性禿頭？若忽視預兆，可能會造成非常嚴重的後果……

↓　由於未曾意識到解決對策的必要性，所以要喚醒這方面的意識。

②有意識到解決對策的必要性，但認為「煩惱和痛苦只是暫時的」。

↓　最近雖然發現頭髮變細、掉髮增加或是得了圓形禿，但認為這只是暫時的。

你知道嗎？三成的圓形禿會轉變為慢性掉髮

↓　消除暫時的心理安慰。

③對解決對策的必要性有所自覺，也覺得煩惱和痛苦不是暫時的，卻沒有採取任何措施（也未曾尋找對策）。

↓　雖然掉髮問題愈來愈嚴重，但又不想承認自己已經開始掉髮，所以什麼都沒做。

如果想解決掉頭髮的問題，今年可能是你最後的機會

↓　「最後的解決機會」傳達出必須馬上行動的意涵。

④開始研究各種解決對策。

↓　終究開始在意掉髮問題，也開始留意電車等處的雄性禿廣告。因為經常用智慧型手機，所以治療雄性禿的廣告不斷出現在展示型廣告欄位。

你仍然要忽視這則廣告嗎？

↓　在已經看了很多遍的前提下，發出訊息表明希望對方別再無視這則廣告。

⑤相當詳細地研究了各種解決對策。

↓　不但瀏覽了好幾個治療雄性禿的網站，還大致看過在Amazon上買的關於治療雄性禿的書。如果是半吊子的一頁式網站，對這方面知識的熟悉度已足以注意到內容上的矛盾。

相信你也一定會感到滿意。唯有醫療級雄性禿療程才能徹底根治

↓ 以看了各類廣告後才接觸到的訊息為前提，針對比一般服務更好的地方做宣傳。

⑥開始採取解決對策（購買某樣商品）。

↓ 試著進行大型美容診所的雄性禿療程，也嘗試雄性禿的學名藥等治療方法。

你真的確信自己所選擇的雄性禿療程是正確答案嗎？

↓ 剛開始採取行動的時期，或是開始注意到其他各種療法的時期，因為同時處於積極獲取情報的階段，所以會試著研究其他選項。

⑦已採取的解決對策中有自己喜歡的商品，而且很滿意。

↓ 對大型美容診所的雄性禿療程很滿意。

不想知道更好的雄性禿療程就別往下看！

↓ 經典的激將法廣告。

⑧雖有喜歡的商品，但在想「有沒有其他更好的商品」。

↓ 雖然對大型美容診所的雄性禿療程很滿意，但正在尋找更好的治療方法。

預料外的次世代雄性禿療程讓男性蜂擁而至的原因是什麼？

↓ 這也是以新聞報導的形式來吸引那些求知欲高的群體。

⑨用過五花八門的商品，結果還是沒有一個感到滿意。

↓ 學名藥錠劑、大型美容診所的雄性禿療程、健康食品……經歷過各種嘗試，但目前沒有能讓人滿意的辦法，掉髮問題持續惡化。

這款與NASA合作研發的再生DNA產品，為全世界的雄性禿療程帶來改變

↓ 因為是新技術，所以會宣傳與以往商品不同之處，強調期待不會落空。

綜上所述，根據人們在每個階段的具體情況，商品受歡迎的「賣點」也會大不相同。除了使用者的這些狀況以外，也需按照接觸媒體的情境跟媒體本身的特色來製作廣告素材。

17 以商品為出發點的十階段分類

雖說前面把「需求深度」分為9個層次，但我們也可以按照與消費者與商品的距離感分成10個階段。如果商品的種類是大宗物資（通用）商品（例如礦泉水等，無論選擇哪一個都不會有太大差異的商品）或奢侈品，那用這種分類應該會比較好。

①不知道（這個種類的商品）。
②知道但沒那麼感興趣，也沒用過。
③知道但不想用。
④想說總有一天會用，但從來沒用過。
⑤以前用過，但現在不用了（或許還會用也不一定）。
⑥以前用過，但現在不用了，以後也不會想用。
⑦目前還在用，不過要是有更好的也可以換掉。
⑧雖然目前還在用，但好不好不重要，也沒有更換的打算。
⑨目前還在用，因為很滿意，所以不想換。
⑩很喜歡這個種類的商品，會想做各種嘗試。

依據使用者所處的階段不同，重點訴求也會有所改變。

此處我們以ＬＥＤ燈泡的廣告訊息為例，想一想會有怎樣的內容。

①不知道（這個種類的商品）。

↓　簡單的訊息，告訴對方「有這樣的商品喔！」。

你知道嗎？ＬＥＤ燈泡可省下80％的電費！

↓　提出更新、更大的利益，來吸引興趣和關注的訊息。

②知道但沒那麼感興趣，也沒用過。

↓因應各種使用情境提案的訊息。

今年的燈飾就選ＬＥＤ燈泡，讓錢包更環保

↓從聖誕燈飾這種電費所費不貲的活動提出訴求的訊息。

③知道但不想用。

↓消除典型不安與不滿的訊息。

暖色燈皆一應俱全！在餐桌上也能使用的ＬＥＤ燈泡！

↓一提到ＬＥＤ就想到剛發售時的藍白光，這是要消除這種固有思維的訊息。

④想說總有一天會用，但從來沒用過。

↓表現出「大家都在用喔」的訊息訴求。

餐桌上已有85%的照明都採用ＬＥＤ燈泡。

↓訊息中利用具體數字，藉此喚起人們感覺自己落伍的難堪心情。

⑤以前用過，但現在不用了（或許還會用也不一定）。

↓「以前使用時的不滿已盡數解決」的訊息。

多色齊備！LED也會發出溫暖的色光！

↓ 向對從前LED的藍白光感到不滿的族群傳達訴求的訊息。

⑥以前用過，但現在不用了，以後也不會想用。

↓「在未使用的這段時間裡，早已進化得這麼方便了」的訊息。

用LED人體感應燈，減少95％電費的浪費！

↓ 考慮到LED燈泡的購買者是對浪費電費很敏感的族群，所以訴求嶄新節電功能的訊息。

⑦目前還在用，不過要是有更好的也可以換掉。

↓ 顯示新產品價值極高的訊息。

新LED的耗電量只有原來的一半，使用壽命卻是原來的2倍！

↓「從今天開始，換掉燈泡就會帶來好處」的訊息。

⑧雖然目前還在用，但好不好不重要，也沒有更換的打算。

↓「即使這樣也可以試著改變」、「嘗試一下」的訊息。

新LED燈泡耗電量減半，今天開始特價優惠！

↓「換了以後，今天開始就能得到好處」的訊息。

⑨現在還在用，已經很滿意了，所以不想換。

↓ 「有更好的東西，不換就虧了」的訊息。

新LED燈泡耗電量減半，今天開始特價優惠！

↓ 「換了以後，今天開始就能得到好處」的訊息。

⑩很喜歡這個種類的商品，會想做各種嘗試。

↓ 「你已經試過了嗎？」的訊息訴求。

已經試過百變色光的LED了嗎？

↓ 藉由前所未見的有趣商品企劃，讓人想要嘗試看看的訊息。

各位覺得如何？像這樣，即使是以商品為出發點思考，也能夠從中導出各式各樣的訊息。

18 對人物誌設計的誤解

為了方便理解廣告目標受眾的樣貌，「人物誌設計」是很常使用的手法。

所謂的人物誌設計，是針對自家公司商品或服務的目標受眾，透過詳細設定年齡、性別等各種項目塑造出的人物樣貌。特別指的是先假定某個虛構的人物，再仔細設定其年齡、性別、家庭結構、住在哪裡等個人資料。

如果人物誌設計不當，有時反而會自掘墳墓，我很常親眼目睹這種錯誤的人物誌設計。

舉例來說，假設在設計某商品目標受眾的人物誌時，像這樣瑣碎地設定出某個人物樣貌：

【A小姐】

・女性
・35歲
・已婚
・在丸之內工作
・埼玉縣郊外獨棟住宅
・丈夫38歲
・有1個小學二年級的女兒
・3年前迷上瑜伽
・大約半年前開始在意眼角的細紋

如果對這樣的人物誌，草擬一個「抗皺化妝品」的行銷策略，會怎麼樣呢？

結果使目標受眾範圍過窄，導致反饋數量極度銳減。

為皺紋煩惱的人千奇百怪。年齡在30到80幾歲之間，有工作或沒工作、住在大都市或小鄉村、有孩子或沒孩子，甚至是孩子都已經自立門戶了……各式各樣的人都有。

大多數「抗皺化妝品」的顧客，與上述人物誌的共同要素只有一小部分，唯一的共同點是都「為皺紋煩惱」。完全一致的人幾乎不存在，即使有，僅靠這幾個人也無法做行銷。

「為皺紋煩惱」以外的其他條件愈多，對人物誌有共鳴的人就愈少。

產品（商品）的人物誌應該以ＵＳＰ（該商品特有的優勢）和利益（利潤）為起點，設定最大公約數，在這種情況下，必須以「為皺紋煩惱」為出發點來考慮。

以思考順序來說，一開始要從判斷目標使用者位於九層使用者需求中的哪個層次開始。除此之外，要再加上一些事件狀況，譬如「因為同學會或遇到同齡人，因而意識到自己的衰老，並為皺紋而煩惱」、「最近原來用的美容精華液沒了，正在找新的產品」等等。

至少在「抗皺化妝品」的人物誌設計中，有幾個孩子、練瑜伽、住在哪裡都無關緊要。

與產品的ＵＳＰ或利益毫無關聯的人物誌，會流失顧客的共鳴，限縮自家公司產品的市場。

在此，我們行銷人員絕對不能搞錯一點，那就是上面這種的人物誌並非「產品用」，而是「媒體用」。

一般而言，媒體會向不同的人提供多種內容。

比方說，假設某媒體將該媒體的讀者人物誌設定為跟剛才差不多的**【A小姐】**。

在新聞媒體上用這個人物誌規劃特別報導時，可以製作「年齡差3歲的夫妻特輯」（該人物誌的丈夫是38歲，妻子是35歲，所以人物誌設為「年齡相差3歲」，並以此人物誌為對象撰寫報導），這樣一來，就算不是住在埼玉縣、沒有孩子的人或家庭主婦，只要是符合條件的人都能開心閱讀。

如果還另外製作「連當地居民都不知道的埼玉隱藏名店」的特輯，那但凡住在埼玉的人，無論未婚還是已婚，都會成為目標讀者。

換言之，對於媒體來說，只要符合上述人物誌條件中的「任何一個」就能成為目標顧客，「人物誌的條件愈多，目標受眾的範圍愈廣」。

另一方面，對產品來說，要是不滿足上述人物誌的「所有」條件，就無法成為其目標顧客。因為在產品上，**「人物誌的條件愈多，目標受眾的範圍就愈小」**。

若以「搜尋」功能來解釋，那在「媒體」設定多個人物誌條件時，就是每個條件都用「OR搜尋」。

當「產品」設定多個人物誌時，則每個條件都是「AND搜尋」。

行銷通常主要是由身為廣告代理商的人系統化製作，可廣告代理商會同時涉及「媒體」和「產品」。

正因如此，「產品」一方的行銷人員才不該搞混這個行銷理論到底是屬於「媒體」，還是「產品」，充分理解理論再加以活用很重要。

第4章 要「說什麼」

確定了「對誰說」之後，就要斟酌向目標顧客傳達商品特色的「說什麼」，這可以認為是廣告的主訊息。

以汽車之類的交通工具為例，

・外形設計酷炫
・價格便宜
・容易駕駛
・車型小，但可乘坐人數多
・自動輔助駕駛系統帶來的安全性
・高超的加速性能

思考將這些資訊中的哪一個當作主訊息，就相當於思考「說什麼」。

現實中也有使用不具差異化的要素為主訊息的情況。

例如，在日本不論哪個車站前的網咖，招牌上都寫著「每小時100日圓，365天24小時營業，夜間套餐1000日圓」這種沒什麼區別的主訊息。這是因為網咖是一

種重視「開在哪裡」的選址型生意。

另一方面，網路只要1個點擊就能跳轉到其他網站，在這種情況下，要是這個主訊息沒有USP，就沒有意義。

19 以USP導出主訊息

前面已經多次提到，USP是「Unique Selling Proposition」的縮寫，意指「商品或服務所擁有的獨特賣點」。USP主要可大略分成4種：

①「能提供其他公司商品所沒有的便利性」或「能提供前所未有的便利性」
②「能提供比其他公司商品更高的便利性」
③「具備實際成果、權威性等附加價值」
④「在金錢上有折扣感」

即使是同樣的商品，也會根據發售時機、市場競爭性、銷售策略的不同而改變主打的USP，雖然是如此，但在編排**以商品品質為基礎的USP**的主訊息時，可參考下列的呈現方式：

①「能提供其他公司商品所沒有的便利性」或「能提供前所未有的便利性」

・治療雙臂上的紅疹疙瘩（小林製藥　臂粒消無瑕膏［藥膏］）

・吹出像微風一樣柔和的風（BALMUDA　The GreenFan電扇）

②「能提供比其他公司商品更高的便利性」

・「微針玻尿酸」的滲透力是「塗抹型」的7・5倍（北方舒適工房的MICRONEEDLE PATCH）

而以商品附帶要件為基礎的USP，呈現方式如下：

③「具備實際成果、權威性等附加價值」

・每2・5名東大學生中，就有1人是東進學生（東進補習班）

④「在金錢上有折扣感」

・免付1個月的學費！免費加入會員！（Trygroup　家庭教師TRY）

在利基市場中以奪取總市占率為目標，或是剛投入邊境市場（以前沒有類似產品的市場）時，應該把①「能提供其他公司商品所沒有的便利性」或「能提供前所未有的便利性」作為USP。喚醒消費者原有的需求，並把這些需求全數收歸囊中。iPhone上市時就是以這種形式的USP為主訊息。

當市場上類似的商品變多時，可逐漸將USP轉換成②「能提供比其他公司商品更高的便利性」或③「具備實際成果、權威性等附加價值」。

事實上，在相似產品逐漸增加的智慧型手機市場上，iPhone便改以極佳的相機效能作為主訊息。

同時，也出現了以「世界上最暢銷的智慧型手機製造商」為主訊息的競爭對手。

倘若想取得大眾市場的一部分市占率來提高營收，那麼從一開始就應該將②「能提供比其他公司商品更高的便利性」或③「具備實際成果、權威性等附加價值」當作USP。

而在④「在金錢上有折扣感」方面，如果行銷部門和管理會計部門無法善加合作就會出問題。以某個串流影片服務的實例來說，雖然他們以「1個月免費！」作為USP讓會員數量暴增，但大部分使用者都在免費期限內解約，結果幾乎沒有獲得什麼利潤。

由此可見，透過打折等方式降低價格，雖說可以增加訂單量，但有時也會使利潤減少。訂單和利潤的增加是兩碼子事。

如果行銷人員的評價指標只有「訂單數」，那大家都會想推折扣活動，可如果把④「在金錢上有折扣感」作為USP，就代表行銷人員未能找到這項商品其他的USP。因此盡可能把仰賴④當成最後的手段。

另外，即使④的策略施行正確，其他公司也能馬上模仿，因此不能成為本質性的USP。

若以④作為真正的USP，有個例子是以前日本雅虎寬頻（Yahoo! BB）在市區內免費發放成本只有幾千日圓的ADSL數據機，他們不惜賭上了1000億日圓的赤字，最終成功占領了整個市場。如果不能做到像這樣，其他公司「實在無法模仿到這種程度」的大規模商業活動，這個USP就無法成立。

USP是指「世上只有我們的商品才能提供的價值」。

其他公司能夠馬上模仿的，並不是真正的USP。

歸根究柢，商業就是如何為世界創造出「其他公司所沒有的價值」。

沒有比毫無USP的生意做起來更空虛的了。

20 以主要訴求的男女差異導出主訊息

在設定「對誰說」的目標對象是男性還是女性的情況下，作為訴求主軸的主訊息也會發生變化。

雖然最近中性化趨勢盛行，但男性和女性還是有很大的區別。

此處要說明在確定主資訊的基礎上，最低限度必須知道的男女差異。

20-1 感興趣的對象

男性喜歡「女性」，女性喜歡「時尚本身」。

雖然是無法比較的對象，但這裡想說的是，在產生興趣的方面，男性「對女性的興趣」和女性「對打扮的興趣」兩者程度相當。風月場所幾乎都是面向男性，服飾、貴金屬幾乎都是面向女性，可以說這在市場經濟中也得到了證明。

男性打扮是為了受女性歡迎的手段，女性打扮的目的是打扮本身。

大多數面向男性的雜誌最終都是以「只要做了某事就會受歡迎」為切入點編輯，而大多數男性在男性聚會上也不太注重打扮。

但是，女性在沒有男性的女性聚會上更注重打扮。女性聚會是為了展示「打扮這項共同愛好」，所以最需要努力。相反地，如果有男性在場，有時也會感到掃興。就像在男性鋼彈愛好者的聚會上，若有不了解鋼彈的女性，就會感到掃興一樣。盛裝打扮參與同學會的情況下，男生是在意女生的眼光，而女生也在意女生的眼光。男性是為了受歡迎，女性是為了展示自己的興趣。

雖說現在中性化的趨勢愈來愈明顯，喜歡打扮自己的男性和去牛郎店的女性愈來愈多，但這種價值觀還是占了大半。

如上所述，由於根本性的喜好不同，即使是同樣的商品，男女訴求的切入點也不同。特別是化妝品、時尚等面向男性的產品，以「買了就會受女性歡迎」為切入點，更能引起共鳴。

但是，若以「買了某某商品就會受男性歡迎」為切入點來吸引女性的話，就會收到「並不是為了受男性歡迎才打扮」的反對意見。

在時尚這類崇高的領域，如果用「受歡迎」這種俗套的要素作為訴求的話，心情就會萎靡不振。

與受不受女性歡迎無關，應該追求「買了某某商品就會變可愛」的時尚本身。

20-2 女性的訴求

女性會有這樣的感覺：「我本來就很美，但現在有點偷懶，所以不是最佳狀態。」

因此，比起「買了這個就能變美」，「買了這個就能找回自己本來的美」的說法更能引起共鳴。

相反地，「買了這個就會變美」，弄不好就會變成「我不美嗎？」讓人感到不快。

肥胖的女性也認為「我『現在』很胖」，本來自己的身材很好，只是現在懶散，所以「偶爾會胖」。

原本人的容貌只要在物理上稍加修飾，印象就會發生戲劇性的變化。

大家應該曾在綜藝節目中看過，普通的家庭主婦經過一流的造型師和化妝師的修飾後，改頭換面成為美人。

很多女性只是「沒有一流巧手」，所以應該告訴她們這個商品就是那雙「一流巧手」。

20-3 女性識別顏色的能力約為男性的4倍

據說男性將顏色分為7種，女性將顏色分為29種。

在男性看來是單一的「粉紅」色，女性看來則可區分成5種（不論是否知道名字）：康乃馨粉紅、草莓粉紅、泡沫粉紅、品紅色、橙紅色。

若每種顏色的衣服各買1件，女性能買到29件，但男性只有7件。所以一般來說，女性擁有更多的衣服，並且樂在其中。

妻子也會問我「買這條褲子怎麼樣？」，在我回答「我已經有一條類似的黑色褲子了」的時候，還會被她念說「那條黑色和這條黑色完全不一樣」。

面向男性的商品應該以「不用向男性傳達微妙的色差」為前提來思考訊息，女性則能感受到微妙的色差帶來的樂趣，所以傳達商品的設計性是相當強烈的訴求主軸。

「這個容器很可愛，買了吧～」這句話男性很難理解，但女性很容易理解。

雖說「因為女性喜歡粉色」，但即使男性創作者做出粉紅色的創意，從女性的角度來看，很多時候也會覺得「不是那個粉紅色」。

此外，男性參與女性商品的工作時，顏色的指定不能用「口頭」說明，必須以色號或實際物品來指定，否則就無法正確傳達指示。

20-4 男性重勝負，女性重共鳴

與人的關係，男性多以「勝負」來考慮，女性多以「共鳴」來考慮。

男性即使是初次見面，也會無意識地試探對方和自己在年收入、地位等方面「誰更高」，有判斷輸贏的傾向。當然，基本上都是想要取得勝利，因此以「使用這個商品就能戰勝對手」為切入點的訴求打動人心的機率很高。

另一方面，女性不喜歡和別人爭輸贏，而是有強烈的共鳴盼望。女性喜歡送禮物，其中一個原因就是有共鳴。想和對方產生「這個不錯」的共鳴。

男性選禮物時往往只是大略思考，但女性通常會根據對方的情況認真挑選。畢竟隨便的禮物無法產生共鳴。因此，「送這個商品會讓對方高興」的訴求很有可能打動對方的心（如果是對男性的訴求，則是「送這個商品給女性很受歡迎」）。

第5章 要「如何說」

決定了「對誰說」、「說什麼」之後，就要考慮「用哪種方法」傳達。這裡有無數種方法。

如果在「說什麼」部分的USP較強的話，最好直接表達出來，不要過於委婉；但如果USP本身難以理解，或者想要引人感興趣，就必須要有一定程度的轉折。

例如，某款汽車有著「8人乘坐超寬敞」的USP。就算將「8人乘坐超寬敞」直接放入廣告標語，也充分表達了它的魅力。不過，為了讓人更容易聯想到「乘坐空間寬敞」的概念，集合8名看起來像橄欖球員的壯漢，並以「我們都能一起舒適搭乘」的形式，帶給觀看者的衝擊力會更強（圖5）。

希望大家在閱讀的時候，把這個思維記在心上。

圖 5　因應 USP 表述文案的範例

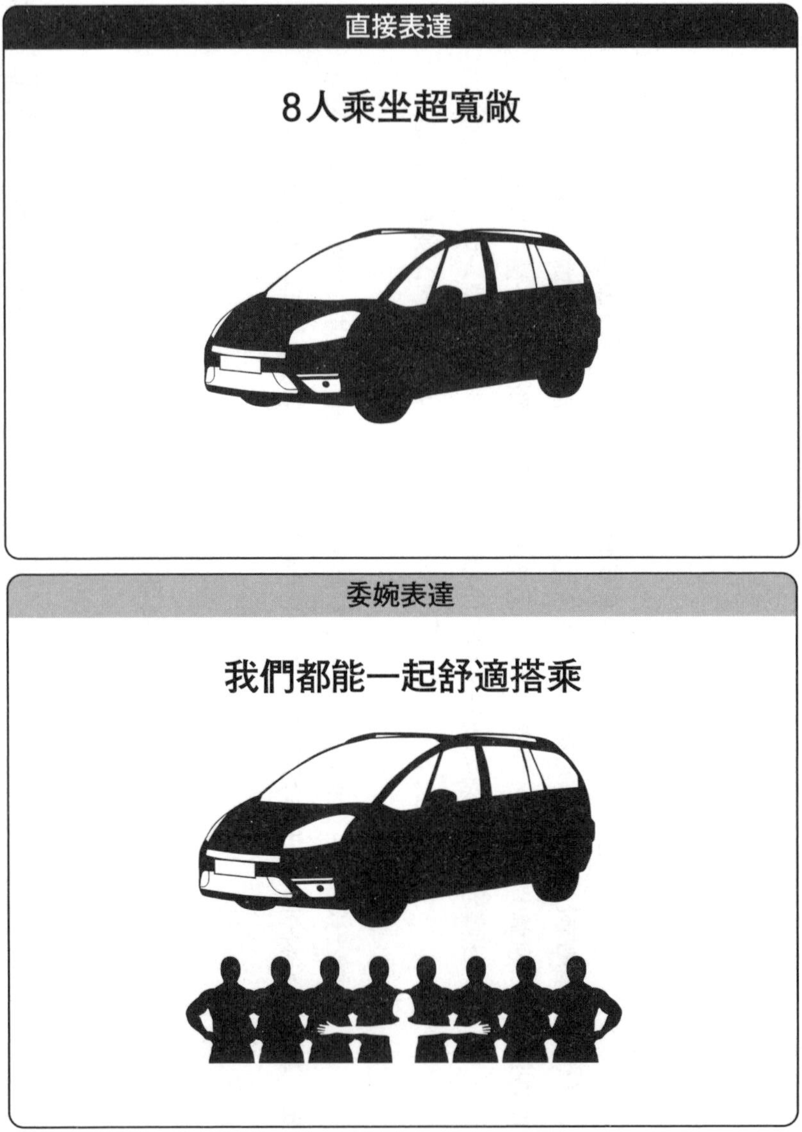

21 以使用者為出發點，做出能「傳『到』」的廣告

首先，在做廣告前希望大家可以理解，廣告**如果無法傳達到對方心裡，就沒有任何意義**。為了「傳『到』」人心，不能只是單方面把想說的東西說出口，還必須考慮聆聽者所處的狀況，這一點我們在前面已經提過不少。

不考慮對方所處的狀況，單方面「以商品為出發點」訴說想傳遞的內容，這種廣告是能「傳達資訊」的廣告；「以商品為出發點」，就會試圖「單方面地傳遞訊息」，例如「這個商品有這樣的特色，所以廣告這樣呈現，便能簡明易懂地傳達出特色」。

相較之下，能「傳『到』」的廣告是「以使用者為出發點」設計的機制，專為確保「對方有接收到訊息」。這個機制是「以使用者為出發點」，反覆推敲出來的。

「這個商品的目標使用者會有某種想法，同時他們在瀏覽某媒體的版面時，會切換成某種模式，因此在傳達這個商品的特色時，就算直接丟直球，他們也很難坦然接受。所以我們大膽地設計第一印象的衝擊，藉由這樣的圖片帶給人們這種印象，使其產生興趣，在產生興趣後再閱讀文字，藉此傳遞廣告的意圖。」

綜上所述，做出「傳『到』」廣告的人會試圖進行「雙向」的「溝通」。例如，以我多次接觸過的化妝品為例，應該會有以下想法。

「這款產品的目標受眾會想知道更好的美容成分。但在瀏覽Yahoo!新聞這類的媒體版面

時，會轉換成閱覽新聞的模式，所以即使直接傳達這個商品的這項特徵，也很難被接收。因此，在第一印象衝擊中，刻意利用報導風格的圖像帶出發現新科學根據的印象，引起讀者興趣後再閱讀文字，就能傳達意圖。」

廣告不是一種「資訊傳達的手段」，而是「溝通交流的手段」。

因此，應該在理解和把握作為資訊接收者的目標使用者所處的狀況的基礎上製作。

22

在辨明媒體特質後傳達資訊

如上所述，在表現「如何說」時，首先應該考慮觀看者的狀態。以此為出發點進行思考是很重要的。

這個時候，絕對**不能以「自己想說的話」為出發點**。為此，應該先確認你製作的創意「會在哪個媒體上展示？」。先思考若是網路媒體，會是「什麼樣的媒體」；在製作海報時，會「張貼在哪裡」；如果是雜誌廣告，「是刊登在內頁，還是封面附近」。

例如，就算是網路媒體，用智慧型手機或電腦看也完全不同，這點是眾所周知的事實。

另外，化妝品之類的廣告在Yahoo!首頁和在美容網站上展示的樣貌必須完全不同。

稍微想想就知道，在Yahoo!首頁上，這個廣告會混在五花八門的新聞中展示。

看Yahoo!首頁的人裡當然也有對美容感興趣的人，但是大部分人比起切換成「美容模式」，更傾向於以「新聞模式」瀏覽。

這時如果使用「新商品上市了」的標語搭配化妝品容器的照片，像這種沒有特別用心的廣告，反應顯然會很差。

為了讓處於「新聞模式」的人產生興趣，必須有個醒目的廣告語，讓不感興趣的人也會回頭看，像是：

「竟有3萬人排隊預約？大排長龍的化妝品○○受歡迎的祕密」

相較之下，瀏覽美容網站進入「美容模式」的人，大多沒有必要在傳達資訊上改變措辭。基本上，主動尋找美容資訊的人，會以積極的態度看待美容廣告。

這些人看到的網頁上有很多美容相關內容跟廣告，他們是在「網羅資訊」的前提下瀏覽，所以為了吸引這些人回頭，與其採用顯眼的表現方式，不如具體表現商品特色，例如：

「含有3倍話題成分○○的美容精華液上市」

類似這種直截了當的廣告標語，更能準確地傳達資訊。

22-1 「在哪裡」比「對誰說什麼」更重要的案例

即使是同一個人，根據接觸的媒體不同，也會產生不同反應，這點在把消費者當作一個目標群體的時候也一樣。

這是我朋友在做某個商品郵購時發生的事情。

他說，當初不知道進貨的商品會面向什麼樣的目標族群，就先在各種各樣的電視購物媒體上試賣，結果在「高級電視購物的高級會員會刊」內附上宣傳單，訂單就蜂擁而至。由於該商品價格較高，所以深受高級郵購的高級會員這一「富裕階層」的歡迎。朋友深信「這個商品適合富裕階層！」所以為了拓展市場，這次把傳單夾在有錢人住宅區的報紙上分發。

然而，這次卻完全沒有反應。就算用同樣的廣告觸及同樣的目標族群，只要媒介不同，反應就會完全不同。

這裡應該考慮的是媒體的高級感的不同。

即使是同樣的宣傳單，刊登在高級郵購雜誌上的宣傳單看起來相當高級，但若是夾在報紙裡，就會顯得很廉價。

網路也是一樣。人們在智慧型手機上透過各種應用程式和媒體獲取資訊，同樣的內容在Yahoo!的首頁和在八卦資訊媒體上看到的可信度也會不同。

因此，即使在同一部手機上看到同樣的廣告，根據是在哪個媒體上接觸，其可信度也會不同。同樣的目標族群，同樣的創意，「**在哪個媒體上刊登，怎樣刊登**」都非常重要。

23 登陸頁面或郵件要用「易讀易傳的典型文章結構」傳達資訊

大家理解以使用者為出發點的「口耳相傳型廣告」的思考方法了嗎?接下來會談到具體的寫作方法。建議先學會「句型框架」,再去建立自己的風格。

特別是在寫廣告文案時,「結構」非常重要。即使每篇文章都寫得很好,但如果文章的排列方式不對,就無法傳達自己想傳達的內容。

在此,我在徵得本人同意的前提下,向大家介紹我所景仰的「天才寫手」——顧問竹內謙禮老師所傳授的「易讀易傳的典型文章結構」。

這種文章結構形式適用於任何商品、任何服務,在實際寫作時請務必參考。

這種方法首先將文章分成5個部分。

①結論
②否定(對話)
③肯定
④自身意見
⑤鼓舞煽動

按照這個模組的主題順序寫文章。在這裡不要考慮太過複雜的問題，總之先從文章的「結論」開始寫。

①結論

「今天有打折通知。」

「事實上，一種令人吃驚的新產品誕生了。」

「前幾天報導的商品當天就賣光了。」

像這樣，先從結論開始寫。

文筆不好的人，往往會把前言寫得亂七八糟，但像網路上的「促銷信函」那樣的「推銷」文章，會被開心地打開閱讀的可能性很低。如果讀者覺得無聊，點擊一次就會馬上跳轉到其他頁面。

在這種情況下，讀者不會撥空去看一篇無法抓住核心、不知所云的文章。正因為如此，才要在一開始就傳達結論。

②否定

接著是寫「否定句」。在以對話表達客戶心聲的形式中，使用否定句會特別有效果。

「可是，那不是和平時的商品一樣嗎？」
「那個商品的話，類似的東西有很多。」
「看起來也沒那麼好吃。」

先說結論固然重要，但如果在結論後就直接說自己產品的優點的話，就會讓對方掌握走向，在看到最後之前就會做出「要不要繼續」的判斷。但若是在這裡加入否定句，就會讓讀者產生「哦？不只是單純地強調『我們的商品很好』」、「這個商品還有什麼」的期待。

接下來要寫的是對商品給予「肯定」的文章。

③肯定

「這個和以前的商品完全不同。」
「因為效能提升了120%，所以用起來非常方便。」
「內容一模一樣，但價格打七折。」

像這樣，用肯定的句子再次強調被顧客否定的句子，就能凸顯商品的賣點了。

透過反覆「否定」和「肯定」，可以消除顧客心中的不安和疑問，從而營造出更有親近感的文章。

這裡重要的是，在「如何」傳達之前的「用哪種方法」傳達的部分。

如果這裡的重點出現偏差，就會令人不由心想「所以呢？」

然後，在撰寫文章上，最重要的就是下一項的寫出「自身意見」。

④自身意見

「用了之後感覺很順手。」

「這是我一定要擁有的一款產品。」

「在這個商品的研發人員面前抬不起頭。」

像這樣，需要藉由自身的意見，使文章具有個性。這種個性化會讓讀者產生「只能在這裡買到」的想法，從而產生購買欲望。另外，因為加入個人的觀點，會讓人對商品介紹文產生信賴感和親近感，也容易產生對商品的印象。

結尾則是「鼓舞煽動」的文句。

⑤鼓舞煽動

「花費這麼多時間和精力的商品，其他地方絕對買不到。」

「限量生產30個，請馬上點擊。」

「距促銷結束還有72小時。」

像這樣，如果沒有讓客戶採取行動的文章作為結尾，客戶讀完文章後就不知道該做什麼了。

客戶並沒有賣方想像得那麼積極，也沒有集中精力閱讀文章。

在相當放空的狀態下讀文章，在不知道是否已經讀完的時候，為了尋求下一個資訊，就會跳到其他頁面。

所以，一定要在文章的結尾部分把接下來應該採取的行動寫清楚。

如上所述，將文章分成「結論」、「否定」、「肯定」、「自身意見」、「鼓舞煽動」這5個區塊，就能寫出一篇可有效傳達資訊給客戶的文章。

舉例來說，某個時尚類店家風衣的商品描述，套用了這個模式後，就會變成下面這樣的文章：

這是風衣緊急到貨的通知！（**風衣到貨的結論**）　這次的長款風衣，無疑是可以提升時尚度的特別定製商品。「可是長大衣穿起來會很臃腫耶。」（**以顧客心聲作否定**）　為了滿足這些女孩子的要求，這件長風衣在鈕扣的位置上稍微做了改良，讓個子矮的女孩子穿起來，身材曲線也仍然洗練優雅（**用商品說明來肯定**）。　實際試著披上之後，發現１５５公分的我也完全不顯身高矮小，真是不可思議！即使不繫腰帶，將大衣完全敞開，內襯中時尚的鏈條花紋也能營造出奢華感（**試穿過大衣的自己給出自身意見**）。　因為是緊急到貨，所以限量15

件。7980日圓的價格在其他地方是絕對買不到的，請務必趁此機會試試這款大小姐風格的長風衣（煽動：傳達行動的訊息）。

用同樣的手法，可以很好地解說服務相關商品和食品相關商品。

我試著製作了新的癌症保險和香腸的廣告文，如左頁圖6所示。

容易讀懂的文章和容易傳達的文章在某種程度上架構是固定的，所以不要一開始就寫自己風格的文章，先試著套用這個架構看看吧。

規劃登陸頁面等宣傳網頁時，若套用同樣的架構，就會成為容易閱讀與傳達的頁面。

24

以搞笑藝人的小藪鋪哽法傳達資訊

雖說前面提到了典型的文章結構，但是這種促銷信函若想讓讀者讀到最後，最重要的是文章的第一句話。

另外，儘管理論上最開始要寫結論，但若沒有字斟句酌就直接寫出來，就會像「一開場就破哽」一樣，做得不好的話，當下讀者便會判定YES或NO。

圖6　採用「易讀易傳的典型文章結構」寫成的廣告文案範例

例）癌症保險服務		例）香腸
新的壽險通知！關於癌症保險，出現了比以前每月便宜500日圓，而且保障充足的新型保險。	結論	新商品的通知！製作了手工泡菜和乳酪混合的新香腸！
「可是，雖說如此，加入的規定不是很嚴格嗎？」	否定	「哇，泡菜和乳酪很配嗎？」
我想也有人會這麼想，其實加入的規定和以前完全沒有變化。	肯定	也許有人會這麼想，但實際上，這2種味道是絕配，無論吃多少根都不會膩。
我的客戶是一位60多歲的男性部長，前幾天申請了這個保險，醫院的應對和手續完全相同，更換保險的手續很簡單。	自身意見	我剛開始也想「泡菜和乳酪啊……」，但是鼓起勇氣嘗試後，乳酪和泡菜的辣味絕妙地融合，超好吃！比起啤酒，我覺得更適合搭配日本酒和燒酒！而且比起用烤的，水煮絕對更美味！
本次活動截止日期是6月12日，我們將從加入新癌症保險的顧客中抽選10名贈送日本環球影城雙人入場券。因為只會通知少數人，所以中獎的機率很高哦！詳情請發郵件或打電話諮詢。	鼓舞煽動	這次活動只到24日為止，購買2袋，再送1袋！因為是限量20套的初次銷售，請儘早訂購哦！

要是擁有強大且容易理解的USP的情況下還無妨，不過對需要一定程度的啟蒙和說服的商品就不太適合了。

在這種時候，**「小藪鋪哏法」**就派上用場了。

吉本藝人小藪千豐先生在講述有趣的話題時，會拋出類似這樣的句子：

「這個故事就算回憶起來，也沒什麼可生氣的。」

「這是個『你發出了那種聲音嗎？』的故事。」

「這個故事是說，人類偶爾也會出現那種一言難盡的表情啊～」

雖然不是一個具體的哏，但這樣帶有懸疑謎題的鋪墊，會讓人想聽他說完。小藪先生就是以這種鋪陳詞句來開展話題。

從這句話開啟話題以後，真的有人可以不聽結局是什麼就轉台嗎？

同樣的道理，

「讀了這封郵件，您或許就能理解我們為何要特意製作這種不講求效率的商品了。」

「說不定，這封郵件讀到一半，您就哭得讀不下去了。」

「當我接觸到這個商品時，我想起了小時候暗自發誓的事情。」

……以這類句子為始的郵件，使對方讀到最後的機率會大幅上升。

像促銷信函這種長篇文章，客戶在閱讀時，會下意識地判斷「下一句也該看看嗎？」。第一句話是否能讓讀者讀到最後，會對成果產生很大的影響。

最初提到的「結論」可以是這樣的形式，也可以在「結論」前面插入「鋪陳詞句」。

不管怎樣，最重要的是在第一句話上傾注全力。

25 藉由文案排序傳達資訊

首先，重要的是按照前面提到的「句型框架」製作。

不過，掌握一定程度的句型框架後，也可以慢慢挑戰原創的文章架構。但實際應用時有幾點需注意。

例如，推特上有下面的①和②的推文，哪則推文更有利於增加追隨者？

①

「有趣的回推大量發生！150萬人跟隨超受歡迎的大喜利帳號。竟然還是由性感女演員●●小姐操刀經營。現在馬上跟隨！」

②

「由性感女演員
●●小姐操刀經營。
有趣的回推大量發生，150萬人跟隨
現已成為超受歡迎的大喜利帳號。
現在馬上跟隨！」

答案是①。

雖然讀到最後意思是一樣的，但是很多人不一定會把文章讀完，很多人會根據前2行判斷是否要讀第3行。要是有讀完，因為整篇意義相同，所以跟隨率也不會有太大變化，但這2篇推文被讀完的比例卻大不相同。

我們再重新檢視一下①和②。兩者的前2行都鎖定了目標受眾。

①的目標族群是對「有趣的回推大量發生！150萬人跟隨，超受歡迎的大喜利帳號」感興趣的人，②的目標族群是對「性感女演員」感興趣的人。2篇推文各自聚焦在自己的受眾上。

由於Twitter使用者中女性居多，所以對①「有趣的回推大量發生！的帳號」感興趣的人要比對②「性感女演員的帳號」感興趣的人多得多。換言之，比較多的人會把①讀完。

・不要以能讓對方讀完為前提來寫文案。
・如果開頭的1～2行不能抓住使用者的心，後面寫得再好也不會被看到。
・所以，一定要把想表達的事情在一開始就表達出來。

以此為前提，我們必須對「寫文章的順序」深思熟慮。這是無論哪種句型框架都不變的鐵則。

此外，還有一種讓讀者將文章讀完的技巧，也就是「重點有幾項」的說話方式。

「超推薦一個150萬跟隨者的帳號。
推薦的點有2個：
①由性感女演員●●操刀經營。
②儘管●●只是普通地在發文，但大喜利回推卻大量發生。
請大家現在就去跟隨她。」

只要像這樣一開始就說「有2個推薦要點」，那麼就算使用者對第1點不感興趣，也會把第2點讀完。

廣告文案並不是「解釋完就沒事」，重要的是「如何讓顧客讀到最後」。

26 情緒接力的重要性

本公司把登陸頁面分別稱為「銷售登陸頁」跟「橋接登陸頁（BLP）」。

銷售登陸頁是指為實際購買商品而附帶購物車功能的登陸頁，橋接登陸頁是指將使用者帶入銷售登陸頁之前插在其中的登陸頁。可想像成「廣告↓橋接登陸頁↓銷售登陸頁」的引導路線。這種橋接登陸頁種類繁多，有商品相關的報導，也有類似客戶問卷調查的網頁。

與其直接從廣告跳轉到銷售登陸頁，不如先用橋接登陸頁對使用者進行啟蒙解說，讓使用者對商品產生興趣，再跳轉到銷售登陸頁，以這種方式提升轉換率（CVR，Conversion Rate。即瀏覽商品頁面的人裡實際購買者占的比例）。

實際的網路行銷是透過廣告和銷售登陸頁，有時還會結合橋接登陸頁引導使用者購買。因此，必須意識此流程是要跨越2個或3個媒體來傳遞資訊。

從使用者看到廣告產生興趣點擊，到閱讀橋接登陸頁、接受廣告內容、進入銷售登陸頁，再到讀完銷售登陸頁，按下購買按鈕為止，「在各步驟之間順暢地閱讀下去」，本公司將這套流程稱為「情緒接力（感情的接力賽）」。

「廣告上明明是這麼說的，但到了橋接登陸頁就沒有相應的內容，所以情緒接力中斷了。」

「要規劃一條廣告、橋接登陸頁與銷售登陸頁的引導路線，搭起情緒接力的聯繫。」

實際的用法大致是這樣。譬如說：

- 「53歲的母親，最近變開朗的祕密是!?」雖然廣告文案這樣寫，但在橋接登陸頁中卻完全沒有提及母親就結束了。
- 廣告是用可愛現代女性的色鉛筆插圖，然而，連結到橋接登陸頁的第一印象（FV）卻是跟商品風格全然不同的年長女性臉部照片。
- 橋接登陸頁的最後一個按鈕是「馬上購買！」，但連結的登陸頁面卻是「問卷登陸頁」。

發生這類狀況的時候，情緒接力就會中斷、變淡（也稱為情緒接力的故障）。

最近，由於廣告、橋接登陸頁與銷售登陸頁均由不同的人製作，這種分工上的弊端，導致情緒接力的故障不斷出現。這些情緒接力故障會發生在這些情況下：

- **沒看過要連結的登陸頁面就製作廣告（參考熱門廣告製作）**
- **沒看過要連結的銷售登陸頁，就直接製作橋接登陸頁（仿造其他橋接登陸頁製作）**
- **更改廣告連結到的網頁（更改成受歡迎的橋接或銷售登陸頁）**
- **重新組合廣告、橋接登陸頁與銷售登陸頁**
- **修改廣告、橋接登陸頁時，沒有檢查情緒接力的狀況**

此外，過度學習廣告、橋接登陸頁、銷售登陸頁個別技巧理論，也很容易產生這種狀況。「情緒接力」並不是「盡量注意一下」就能做好的東西，必須去理解「為了連接情緒接力，而製作的廣告、橋接登陸頁、銷售登陸頁」。

這就像是在製造「汽車」時，分別製造「車身」、「輪胎」和「引擎」。最後雖然想把零件組裝成「汽車」，但是製造車身的人如果沒考慮與輪胎和發動機的組合，想怎麼做就怎麼做的話，這些零件就無法組裝成一輛汽車。

車身不是設計得帥氣就好，而是要「為了貼合汽車成品而製造」。在這方面，不是「有意識到要盡量可以組裝成汽車」就好。

在偏重技術行銷的人當中，有些人不會從創意的內容判斷情緒接力是否有效，而是認為「因為加了轉換（CV）才出錯」，這是錯誤的。

即使情緒接力很奇怪，但如果廣告、橋接登陸頁、銷售登陸頁中的某個效果非常好，也會為其添加轉換（例如價格異常便宜、商品包裝非常可愛等）。

但是，在這種情況下，如果具備了情緒接力，就有可能獲得爆發性的發展。

我的公司也有好幾次透過重新審視情緒接力，取得了顯著的成果。

因此，就像「是否進行了感情的傳遞」所表達的，重要的是透過實際點擊廣告、橋接登陸頁、銷售登陸頁進行判斷。

因為製作者無論如何都會主觀審視完成的登陸頁，所以相對地很難發現情緒接力的故障。

讓別人來檢查廣告、橋接登陸頁、銷售登陸頁的情緒接力，發現情緒接力的故障，養成修正的習慣。

26-1　掌握客觀思考的能力

為了檢查情緒接力等，有必要掌握「客觀的視角」。

話雖如此，要排除主觀意識卻很難，很多人很難掌握客觀視角。

但是，「客觀的視角」換句話說就是「他人的主觀視角」。

要掌握客觀性，不是要捨棄自己的主觀，而是要掌握他人的主觀。

訓練方法是從平時開始，養成站在相反立場的人的主觀來思考事物的習慣，像是：

「如果我在北韓出生長大，會怎麼看待日本和韓國？」

「在吵架的人眼中，自己現在的狀態是什麼呢？」

「現在競爭對手的銷售員對我和這次商談是怎麼看的呢？」

這樣一來，就能明白「現在我想賣的這個商品的廣告，在這個顧客看來是怎樣的」。

一旦掌握了這種客觀的視角，製作創意素材時就會變得很輕鬆。

27 8個字就讓營收增加1・5倍

這種自吹自擂的做法讓人有些不好意思，但我曾有某個策略只增加了8個字，就讓營收提高了1・5倍。

本公司在20年前創業時的本業是經營螃蟹、哈密瓜等北海道特產的電商網站，當時最暢銷的是內含毛蟹、扇貝與甜蝦的「試用組」，連運費在內售價3980日圓。

那時網路上幾乎不存在「廣告媒體」，所以根本無法「花成本銷售」，只能「以智慧銷售」。

於是，在選擇商品個數的下拉清單旁添加「每人最多購買2組」這8個字。

結果令人驚訝的是，大約有一半的購買者都買了2組。

在那之前，大多數人都只買1組。

從這裡可以看出，**大多數人在買東西的時候不會逐一考慮「要買幾個」**。大家都沒有經過深思熟慮，認為「買1個很正常」。

「每人最多只能買2組」，這樣的語句會在腦內產生「要買多少組」、「如果只能買2組的話，是不是買2組比較好」等思考。

當時公司規模還小，每月的營收只有幾十萬日圓，但如果是月營收1000萬日圓的商品，這8個字就能帶來1500萬日圓的營收。月營收增加500萬日圓，年營收增加6000萬日圓。

圖7　為提升轉換率或投資報酬率下工夫

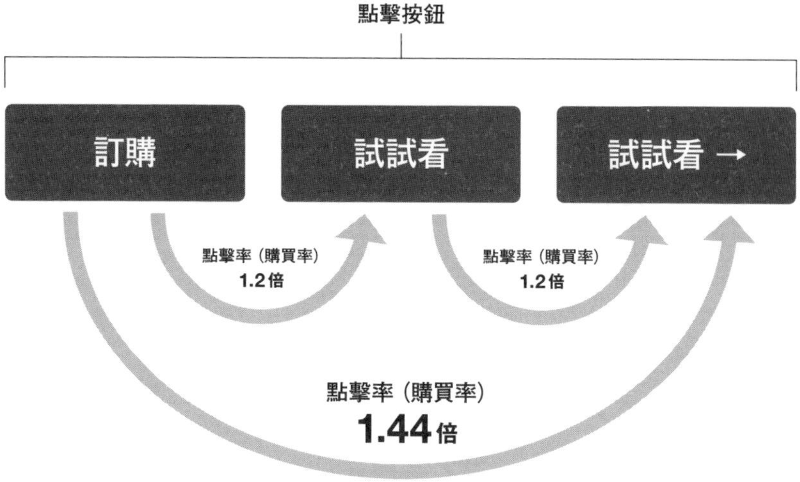

若想提高轉換率（CVR）和廣告投資報酬率（ROAS，Return On Advertising Spend），首先要在「購物車附近」多費心思。

如果順利的話，只用8個字就能創造出巨大的營收。

這種既不是廣告標語，也不是文案主體的簡單資訊，叫作「小提醒」。

除了上面的案例外，還有個例子是：將訂購按鈕上的文字從「訂購」改成「試試看」，這個按鈕的點擊率（即當下的購買率）就會提高1．2倍。

另外，如果在「試試看」後面加上箭頭「→」，又會再增加1．2倍。與原來的「訂購」相比，就是1．2×1．2的1．44倍（**圖7**）。

即使沒有大規模的設計，透過這樣的小提

醒和細微的用心，不斷累積起來也會使購買率戲劇性地上升。

費心重複做4次這種能提高營收1．2倍的手法，就能獲得原來的2倍成效。

重複6次，便能獲得原來的3倍成果。

重複9次，即可獲得原來的5倍成果。

魔鬼藏在細節裡。

即使是按鈕上的文字，也要心存懷疑，想一想「這個真的最合適嗎？」「有沒有更打動人心的表達方式？」然後盡全力去推敲規劃。

真正的行銷技巧不用「成本」，用的是「智慧」。

28 小提醒是動態商業策略

讀到這裡的讀者可能會想：「一位東證主要市場上市公司的總經理，為什麼會對按鈕文字這樣細微的地方如此執著呢？一般來說，應該會去做些更綜觀全局、更動態的事業計畫吧。」

不過，其實這裡就是動態事業計畫的規劃結果。

事業計畫之類的東西，是去制定一套讓營收和利潤變成2～3倍的計畫。

要提高營收，只要增加廣告刊登量就可以了，但是廣告刊登量增加的話，廣告費也會增加，利潤率就會下降。

怎樣才能在不增加廣告費的情況下，將營收和利潤提高2～3倍呢？經過反覆思考，我才終於找到了這個「小提醒」。

要將營收提高2～3倍，與其在不知道能否順利進行的廣告宣傳和商品開發上進行大規模的事業投資，不如先用這種「幾個字」的小提醒，把1・2倍重複4次，這樣就可以不花任何成本地將營收提高2倍。

而且，重點是「注重廣告標語和文案主體的人很多，但注重小提醒的人卻很少」。因此，即使透過小提醒將營收提高2～3倍，其他公司也無法理解「為什麼會提高2～3倍的營收」，所以不會被別人模仿，得以獨霸市場。

綜上所述，執著於小提醒，是在使事業利潤增長2、3倍的動態策略中的重要措施之一。

29 該讓誰說「我也在用」？

在本章的最後，將對使用者經驗談這種宣傳方法的實例做一番說明。雖然我們會拿使用者的體驗談來表現該商品的USP，但如果選錯了人選，就會出現「因為是你才有效果吧」、「如果是這樣的人在用，我就不想用了」的感想，反而產生反效果。

為了避免這種情況，必須選擇適合的體驗談典型，這裡舉出4種可供選擇（此指使用者典型，並非品牌形象大使）：

①同學典型→和自己很像的人

- 廣告文案＝「最近，我很在意〇〇且開始使用了。」
- 效果＝因為和自己一樣的人都在使用而產生共鳴，給予安心感。
- 模範＝電視購物的愛用者評論等。
- 有效商品＝通用保養品、健康食品等。

②高年級典型→憧憬的人

- 廣告文案＝「我從以前就一直很喜歡，很滿意。」
- 效果＝利用憧憬的感情，如果這個人使用的話應該不會錯，想成為像他那樣的人。
- 模範＝讀者模特兒、美魔女等。
- 有效商品＝時尚、化妝商品等。

③學生會長典型→理想的人

- 廣告文案＝「我最喜歡的是這個。」
- 效果＝想和理想的人使用同樣的東西，想成為和那個人使用同樣東西的自己，想模仿

（不認為自己能和那個人一樣）。

・模範＝著名女演員、模特兒等。

・有效商品＝名牌、高級商品等。

④劣等生典型↓地位比自己低，使自己萌生優越感的人

・文案＝「偏差值35也能考上！」、「即使英語成績拿底標，也能說得很流利」、「120公斤的體重瞬間就瘦了下來！」

・效果＝連這樣的人都能看到效果，那自己用了會不會更有效果呢？如果是自己的話，不是確實能做出成果嗎？

・模範＝各領域的劣等生。

・有效商品＝英語會話、補習班等教育類服務或商品、減肥商品等。

對高年級典型、學生會長典型的反應沒有男女差異，但是對於其他典型，女性比較喜歡同學典型，男性則傾向於喜歡劣等生典型。

或許是因為，女性透過「共鳴」建構人際關係，而男性則是透過「上下級關係」。

即使是樹立模範來宣傳商品的魅力，若選擇不當也有可能適得其反，因此必須慎重選擇。

第6章 在「對誰說」、「說什麼」、「如何說」以後

在刊登了滿足「對誰說」×「說什麼」×「如何說」所有條件的廣告後，商品也順利銷售。雖然希望能一帆風順，但效果當然不會永遠持續。

新產品上市一段時間後，銷量就會急速下滑，有時甚至會迎來不上也不下的銷售瓶頸期。

透過最初設定的「對誰說」×「說什麼」×「如何說」的廣告，能夠獲得的顧客群已經開拓殆盡。即使在「如何說」的層次上下工夫，不斷推出新的廣告來延長壽命，也總有疲憊的時候。

這時必須回頭追溯「說什麼」，並重新建立賣點。

下面我們來看看它的步驟。

30 認清重整廣告的時機

——「鮮紅色」的廣告為何賣不出去？

圖8　能否傳達出「說什麼」、「如何說」的訊息①

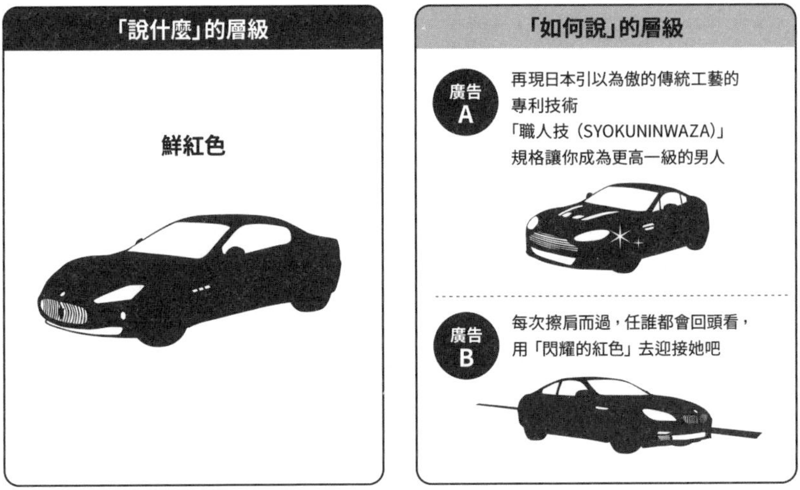

我們以汽車為例來解釋，請一邊看著圖8一邊閱讀。

這輛車的特徵在於「鮮紅色」，並以這一點作為行銷的主要訴求。

一開始，廣告A以能製造出鮮紅色的工匠技術為賣點，抓住使用者的購買心理，獲得了成功。

但沒過多久，這則廣告就開始讓人感到疲憊，反應愈來愈差。人們已經厭倦了。

此時，推出同樣強推「鮮紅色」，但表現方法不同的廣告B。廣告標語也隨之變更。

這則廣告再次爆紅，營收也恢復了。

但過了一段時間後，再度發現這則廣告的效果已然疲軟，於是又將「鮮紅色」以別的方式呈現，重新推出，營收又有所回升。

在這樣的情況下，不管多少次投放不同的新廣告，反響都會變差。

這並不是代表「廣告創意的品質下降」，而是「所有對這款車型的鮮紅色感興趣的人都已經挖掘完了」（雖說不一定全然挖掘殆盡，但要是持續在同樣的媒體投放廣告，那麼該媒體的使用者中對這項特點感興趣的人就有可能都已經開拓殆盡）。

以「鮮紅色」作為主訊息，已經無法再提高營收了。

綜上所述，任何商品都會有廣告效果達到極限的瞬間。如果能正確地看清這一點，便能採取下一步的措施。

31

回到「說什麼」的階段重做廣告

當知道廣告效果已經達到極限時，就有必要回到最初的「說什麼」的層次。再次去思考該商品的主訊息是在「說什麼」。

到現在為止的主訊息是「鮮紅色」。但是，這輛汽車還有其他魅力。例如，假設列舉了以下內容。

・外形設計酷炫（外貌）
・價格便宜（比同款車型低廉）

圖9　能否傳達出「說什麼」、「如何說」的訊息②

「說什麼」的層級	「如何說」的層級
高超的加速性能 （踩油門後的加速很快）	廣告C：只需 5 秒，時速就能到達 60 公里。這是輛陸地上的火箭，而你就是地面上的太空人。 廣告D：綠燈衝刺時從未輸過，誰也跑不過的車誕生了。

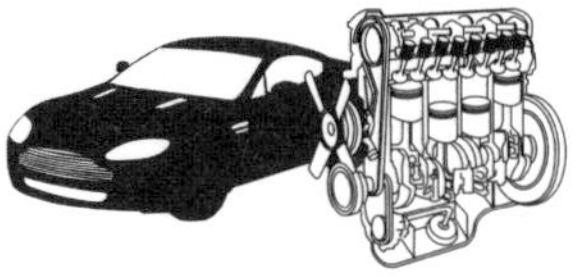

・容易駕駛（操控性能）
・容易駕駛（自動輔助駕駛）
・乘坐舒適度（座椅）
・乘坐舒適度（內部空間寬敞）
・容易乘坐（可自動調整座位跟後視鏡）
・車型小，但可乘坐人數多
・自動輔助駕駛系統帶來的安全性
・高超的加速性能（踩油門後的加速很快）

每個人會感興趣的點都不同，所以列舉出特色後，就要重新思考「對誰說」和「說什麼」。

此外還要思考，這輛車的「賣點」與其他車比起來，真的有競爭優勢嗎？等等。

然後，假設將「說什麼」的部分聚焦在「高超的加速性能（踩油門後的加速很快）」上。

因此，針對「高超的加速性能（踩油門後的加速很快）」的「賣點」，思考「如何說」的新方式，做出了廣告C和D（**圖9**）。

各位覺得如何？回溯「說什麼」的層級再重做新廣告，就會產生與以往完全不同的廣告。如果做得好，就能獲得與以往不同的目標客群，營收或許能回升到原本的水準。

不回到「說什麼」這一層，只在「如何說」的層級設計廣告，那就只能臨時抱佛腳了，而且表達方式早晚也會枯竭。

從根本上重整創意的時候，要追溯到「說什麼」的層次，再次探尋這個商品的魅力，使其作為新的商品復活。

第7章　基本行銷操作的本質

讀到這裡的讀者，應該已經理解基本創意的重要性和推進方法了吧。作為第1部的總結，對「廣告操作」的基本面進行說明。以第32頁的圖1來說，這是「廣告操作」工程的一部分。

基本行銷操作是基於人類感情的「顧客旅程」（在商品或服務的促銷中，設定購買或使用該商品或服務的人物形象，分析其行為、思考、感情，從認知出發進行檢驗另一方面，將購買、使用的場景按時間順序掌握），在理解的基礎上進行廣告投放設定。

32　以數據資料解讀人類情感

在基本行銷操作中，會根據廣告訊息來設定合適的發送對象。

「以商品A搭配商品B很不錯，所以把商品B的廣告展示給看到商品A的人吧。」

「搜尋這個關鍵字的人會有這種感覺，也會經常看到競爭對手的廣告，所以應該顯示這樣的廣告。」

以這樣的形式進行的就是基本行銷操作。

例如，會看「只要施加電子訊號，就能有腹肌」商品的人，其消費者洞見是「想輕鬆減肥」，所以可能會對「只喝冰沙就能減肥」的商品感興趣。而搜尋「競爭品牌　負評」的人，則是可能對競品的品質感到不安，與單獨搜尋「競爭品牌名」的人相比，更容易成為客戶。

如上所述，在顧客購買商品前的各種過程中，必須發揮想像力去建構行銷假說，採取行銷措施。

另外，還要從刊登廣告得到的回饋資料中讀取人們的情感，加以推測：

「為什麼要這樣跳轉頁面？」

「為什麼會出現這種傾向？」

並對此採取應對措施。

也就是說，**如何從資料中解讀人的情感**，是基本行銷操作中非常重要的工作。

33 目標市場區隔的本質

如前所述，行銷溝通由「『**對誰說**』、『**說什麼**』、『**如何說**』」這3個部分所組成。在網路普及之前，實現這3個功能的角色都是由「創意」所扮演的。

如果把「對誰說」設定成「最近開始煩惱長斑點的人」，電視等媒體只能對年齡、性別、喜好程度進行區分。

以電視節目為例，各個節目一定會明確訂定以哪種世代的哪種人為目標族群。如果是晚間時段的地區資訊節目，主要針對的是家庭主婦、老年人等與生活與地區關聯密切的群體，所以應該針對這類人群投放廣告。

但是，電視節目只能鎖定這種程度的目標受眾。因為無法進行精準的接觸，所以讓更多的人看到廣告，藉由創意將廣告目標縮小成「給為斑點煩惱的你」。換言之，讓更多的人看到廣告後，有所反應的人就會下單購買。

在20年前，以40到50幾歲的中高收入男性為目標受眾的廣告，會以披頭四的歌曲當背景音樂。這是因為中高收入的男性往往具有英語能力，又對披頭四等樂團很熟悉，所以一聽到披頭四的歌曲就會有反應。

在過去，很多廣告都會透過素材創意來限定顧客區間。因長斑而煩惱的人多為40多歲的族群，所以在40多歲的人經常看的電視節目上打廣告多少會有效果；但並不是所有的觀眾都有長斑的煩惱，所以還是要在其中以創意做出區隔。

在那個時代的行銷中，「對誰說」的「區隔功能」是由創意來承擔的。

然而，網路媒體的區隔功能比舊媒體還先進好幾倍。

尤其網路廣告可以非常精準地定位目標受眾，例如搜尋廣告（關鍵字廣告）是針對搜尋「斑點」的人投放廣告，網路播送廣告（展示型廣告）則是針對「看過與斑點有關網站的人」投放廣告等等。

換句話說，過去只能透過創意完成「對誰說」的部分，如今可以藉由網路媒體或投放網路廣告的設定頁面，以更高的精準度來限制並定位目標受眾。

然而，在網路行銷中的「『對誰說』、『說什麼』、『如何說』」，僅有「對誰說」的部分提高了精準度，「說什麼」、「如何說」的部分卻依然是創意的職責。

儘管如此，深信「廣告科技是萬能的」而忽視創意的人還是不斷增加。但是，即使「對誰說」的準確度比舊媒體高，但如果不注重創意，「說什麼」和「如何說」的效用就會下降，結果導致成效正負相抵，網路行銷反倒不如舊媒體行銷。

廣告科技並非用來代替「人類的工作」，而是為了進一步提高「人類的工作」的精準度而存在的。

請注意不要對廣告科技抱有過高的期待。

最近常見對廣告科技過度期待的案例，是Google等廣告投放方如實發布了自動生成的ＡＩ廣告標語。

遺憾的是，ＡＩ撰寫廣告標語的能力目前還存在很多問題。而且也還有很多與特定商品完全無關、意圖迥異的搜尋關鍵字出現的情況。

至少在現階段，網路行銷人員作為專業人士，應該精心設計廣告創意，並密切關注關鍵字的刊登。

33-1 行銷偏誤的瞬間

「網路行銷」正如其名「Marketing（行銷；市場學）」，始於對市場的理解。

這個商品的市場是怎樣的市場？

在市場中這個商品的特徵是什麼？

這個市場的使用者是什麼樣的？

考慮到這些，就需要在「對誰說（對哪種人說）」、「說什麼（說哪些內容）」、「如何說（用哪種方法）」的訊息傳達上多動點腦筋。然後再將其落實到網路的「廣告科技」。

在廠商將這種行銷業務委託給廣告代理商時，這部分該由廠商的人來做。但是，在落實到廣告科技的時候，很多人會說出「我不懂廣告科技，就交給專家」的話。

這裡委託網路廣告代理商來當專家的情況很多，但他們大多是「網路廣告」的專家，而不是「行銷市場學」的專家。

即使製造商制定了非常詳細的行銷策略，但通常這些專案在交到網路廣告代理商手中的瞬間就會被重置。「睫毛膏」跟「改善皺紋的藥用化妝品」被籠統地理解為「化妝品」，丟給廣告科技。

這就像把被稱為「夢幻車型」的「Ferrari Dino」和大眾車「Daihatsu Mira」當成一樣的「汽

車」，並制定銷售策略一樣。

為什麼會發生這樣的事情呢？這是因為無法理解人類所制定的策略，仰賴廣告科技的大數據分析得出的最佳化數據。

的確，廣告科技在廣告最佳化的準確度愈來愈高，實在非常方便。

但是，希望大家能夠充分理解廣告科技的最佳化機制。

那不是「對這個商品進行最佳化」，而是「對這個廣告文案和登陸頁面的情況做最佳化」。

根據最初的創意方向不同，會得到完全不同的最佳化。

廣告科技的最佳化，必須先有「打出什麼樣的廣告」的行銷策略，這樣才能有效地發揮作用。

廣告科技是「幫助我們更好地執行行銷策略的工具」，而不是「指導我們思考行銷策略的工具」。

如果我們不進行開頭所提的簡單市場分析，而是投入成本到讓廣告科技執行機器學習上，那麼單次成本就會白白增加，導致無法盈利，最終無法投放。

還有一種情況是，本來應該賣得更好的商品，卻因為奇怪的最佳化而被判斷為賣不出去的商品。

這會造成巨大的機會損失。

只要製造商以「不懂廣告科技」為由逃避，這種機會損失就不會消失。不要輕易地依賴專家，最好親自動手將自己的策略落實到廣告科技上。

很多廣告代理商不是「網路行銷人員」，而是「網路廣告代理」。

希望大家有一種危機感，意識到自己的行銷知識不足可能會破壞客戶的產品策略，並學習行銷的基礎知識。

34 市場區隔設定的正面進攻法

在為基礎化妝品打廣告時，比起「40多歲的女性」、「住在埼玉」這樣的人口統計變數，更應該基於「正在尋找新的基礎化妝品」、「最近正為眼袋皺紋煩惱」這樣的心理變數來定位目標受眾，其效果更高，這是當然的道理。

儘管如此，之所以要使用人口統計變數，是因為作為傳達廣告的媒體「舊媒體」，是由人口統計變數製作而成的，如果什麼都不想，只順應這些數據就會變成以人口統計變數為基礎的策略。

但是，某個網路媒體可以在最初的階段以如**圖10**所示的專案對分發對象進行區隔設定。

圖10 目標群體的種類

主軸	分類方式
性別	男性、女性
年齡	按生命階段劃分
地區	日本都道府縣、市區郡（約1400區）
裝置	個人電腦、智慧型手機、平板電腦
星期與時段	可用星期或1小時為單位進行設定
興趣分類	對特定類別感興趣的網路使用者
網站分類	屬於特定類別的網站
搜尋標的	基於網路使用者的搜尋記錄來定位受眾
網站標的	根據網站的瀏覽記錄來定位受眾

與紙本、電視等媒體不同，「對○○感興趣的人」、「看過○○網站的人」、「搜尋過○○這個詞的人」等，可以根據這個人的喜好設定發送內容。

還不僅如此，在實際設定片段的基礎上投放廣告，有的人點擊，有的人不點擊。有人點擊了但沒買，有人則點擊並購買了。透過廣告媒體的人工智慧積累這些行為資料，機器學習「什麼樣的人更容易購買」，並優先向「更容易購買的人」顯示廣告。

這種機器學習是從大約20人購買後開始分析資料的。

雖然非常方便，但需要注意的是，即使是面向女性的商品，如果最初購買的20人中男性居多，廣告媒體的人工智慧就會判斷「這是男性商品」。

由此可見，我們必須精心設計市場區隔和廣告訊息，以便「吸引目標顧客購買」，尤其是前20名買家。

若我們能先確實做到這一點，才能最大限度地利用廣告科技的能力。

35 最強的地理位置行銷案例

隨著網路廣告的主人從電腦變成了智慧型手機，「位置資訊」也成為了確定目標的有效手段。例如，顧客經過自家店鋪附近時，可以透過推送廣告發放優惠券，實現了「地理位置行銷」。

我聽說過最厲害的地理位置行銷是瓜地馬拉運動鞋店的故事。

那家運動鞋店並非選擇在自己店鋪附近的人，而是選擇了競爭對手店鋪的位址作為投放目的地區域，在「進入競爭對手店鋪的瞬間」將廣告推送到他的手機上。確實，在競爭對手的運動鞋商店裡，想買運動鞋的人是出類拔萃的目標顧客。但是，因為顧客已經在競爭對手的店內選購，所以就算在那裡投放廣告，也很難讓顧客特意從該店離開、前往自己的店裡。在搜尋廣告中，指定競爭對手的品牌名稱的廣告往往效果不佳。也就是說，這類廣告並不是只要投放就可以的。

但是，這個政策大獲成功。為什麼呢？

因為廣告的內容非常驚人。那個廣告的內容是：

「若立刻前往前方～公尺處的本店，就能享受100％的優惠。※另外，折扣率以每秒1％的速度下降，請現在就行動。」

許多看到廣告的人來不及細想就奔向了那家店。無論如何都要在100秒內到達。

雖然大家都在討論網路廣告的投放技術，但**廣告的八成還是「內容」**。

僅憑「可以根據位置資訊發布廣告的最新技術」不會有太大效果。

「最新技術」加上「智慧」才能見效。

即使知道最新技術，如果不能拿出「智慧」，也是無用之物。

只有在了解最新技術的同時不斷磨練自己的智慧，才能做出這樣立體的宣傳企劃。

36

讓廣告不「煩人」的方法

如果能準確定位目標，對使用者來說，廣告就是非常有用的資訊。

廣告創作者初學者中，有些人以「使用者覺得廣告很麻煩」為前提來製作廣告，這是錯誤的。

廣告被認為是「麻煩的」或是「有用的資訊」，取決於其內容「是否符合目標受眾」。因此要先確認目標受眾，並進行市場區隔設定，讓目標客群在該廣告是「有用資訊」的先決條件下看到資訊。

如果你覺得「網路廣告很煩」，那是因為「對你來說」這個廣告是沒有必要的內容，並不是所有人都和你有同感。對於需要該資訊的人來說，該廣告是「有用的資訊（內容）」。

對男性來說毫無意義的化妝品和時尚廣告，對大多數女性來說不是「麻煩的東西」，而是「有用的資訊」。很多人會高興地點擊不斷出現的廣告，享受從廣告中獲得的資訊。以人氣品牌來說，「新上市的廣告」對於粉絲是十分有用的資訊。

另外，招聘網站全部都是由徵才「廣告」組成，但在瀏覽招聘網站的時候，沒有人會邊看邊覺得「徵才廣告很煩」。

在製作廣告時，應該「正確區隔目標市場」，並製作「對目標族群有用的內容」。

把廣告製作成「累贅的東西」，源自對目標族群的劃分和對象商品價值的理解不足，是對商品愛用者和商品的褻瀆。

只有自己與目標顧客產生共鳴，對商品產生好感，以「一定要讓他們知道這個商品的美妙之處」的心情製作的廣告才能抓住人心。

儘管網路並不完美，但與其他媒體相比，面向目標受眾的能力更強。所以網路廣告應針對目標使用者，並採以下方式製作。

「有用資訊（內容）」×「廣告（商業廣告）」＝「內容商業廣告」

充分理解目標受眾，選擇目標受眾所需要的內容，鎖定目標受眾進行市場區隔後投放，才能讓廣告成為對使用者而言「有用的資訊（內容）」。

對於行銷人員來說，廣告應該是讓使用者喜歡的「有用的資訊」，而不是「麻煩的東西」。

第2部
技術行銷的精髓

第1章　技術創意
——調整廣告方案

技術創意是以顧客對已經發表廣告的反饋為基礎來調整廣告素材。狹義上，指的是以自己投放的廣告之反饋資料為基礎進行微調。典型方法中有多次出現的「AB測試」。

另外，從廣義上來說，不僅是自家公司，還包括其他公司的廣告資料等，從廣告代理商等處獲取，創造出「勝利模式」。

因為不是盲目地臆想廣告創意，而是根據顧客的反應製作，所以是非常寶貴的做法。但是，很多人都沒有意識到，由於創意技術的過度發展，如今市場本身已經發生收縮，甚至出現了巨大的機會損失。

在此，將對技術創意的正確做法和「注意點」進行說明。

37 著眼法與訴苦法

技術創意有「著眼法」和「訴苦法」2種方法。

這2種方法是廣告創意上反映被稱為「命中率百分百」的教學第一人伊吹卓所提倡的創意打造方式。

簡單地說，「著眼法」是一種「將其他公司（或人）的成功方法納入自己公司」的方式，在創意方面，是透過從各種創意人那裡獲得的暗示和想法製作自己（自家公司）的創意，獲取想法的對象不僅限於同業。世界上有很多創造出優秀作品的創意，值得我們不斷學習。

但是，不能只是表面上的模仿，重要的是將其成功的理由分解為要素，用自家公司的商品進行再現。如果不能恰當地把握參考的創意「為什麼這個創意會賣座」，就會變成模仿電影賣座作品，毫無趣味的「B級電影」。

最糟就是變成單純的模仿，或者只模仿「怎麼說」，卻完全不知道「說什麼」、「對誰說」，根本拿不出成果。

另一方面，「訴苦法」是從「應對客戶的抱怨」的觀點出發，基於「改善自己的不足之處」的思考方法。

在創意方面，撰寫出實際製作的廣告創意等，根據點擊率、轉移率、轉換率（購買率）等數字，以及能明白顧客在哪流失的熱圖等資料「改善不好的地方」，將其理解為打磨廣告的方法就可以了。

因為是以使用者的反饋為基礎，所以改善的要點很明確，也容易做出效果。

但說到底此方法只是「改善最初的創意」，如果最初的創意不好，就無法創造爆紅廣告。

38

著眼法──「外顯知識」與「內隱知識」的差異

知識和智慧可以分為2種，一種是可以資料化和符號化的「外顯知識」，另一種是感覺和工藝等無法資料化的「內隱知識」。

正確的做法是，將知識和智慧中可變成外顯知識的東西徹底系統化和手冊化，使之成為日常工作；在此基礎上在透過「內隱知識」積累品位和技術，製作出高品質的東西。

不過，很多資訊科技企業雖然善於將外顯知識機制化和系統化，但也有許多公司或人認為這就是全部，無法理解世界上存在「內隱知識」。如果不積累隱性知識，就無法與其他公司做出差異，導致同質化。

另一方面，至今仍有很多傳統企業沒有將外顯知識機制化，僅憑內隱知識一決勝負，因此失敗的可能性很大。

大受歡迎不是來自「以通用為基礎的外顯知識」，而是來自「以品位為基礎的內隱知識」。「外顯知識」可以量產稍稍熱門的廣告，但無法產生爆紅廣告。

但是，即使沒能創造出爆紅廣告，如果能創造出10部稍稍熱門的廣告，其成果也會超過爆紅廣告。

重要的是要知道知識和智慧分為「外顯知識」和「內隱知識」2種，並根據各自的特徵靈活運用這2種知識。

創意中的「內隱知識」來自「基本創意」，「外顯知識」來自技術創意。

著眼法的第一步是為了「將其他公司（人）的成功方法引進到自己公司」，將別人的創意分解為要素，將其外顯知識化。

39 著眼法——分析別家公司廣告的方法

我們經常會在手機上看到廣告，然後點擊進去。

這時客觀分析「我為什麼要點擊這個廣告？」很重要。

要點有以下3點。

①為什麼會注意到這個廣告

在網路媒體中，主要是內容，廣告則是次要的。儘管如此，自己為何會注意到這則廣告呢？

是因為圖片很鮮豔嗎？

還是因為廣告文案的開頭是「咻啦雷力歐～」這個陌生的字詞？

②為什麼想讀這個廣告？

為什麼不只是盯著，而想要閱讀廣告的文字呢？

因為第1行文案的後續內容讓我很在意嗎？

是因為想知道吸引目光的那張圖是什麼嗎？

③為什麼想要點擊這個廣告？

讀完廣告文後，為什麼要點擊看下去？

是因為文章讓人感興趣嗎？為什麼想看呢？

還是因為文章沒有寫結論，想繼續看？

自己思考各個工序，評估其理由是否適用於自家公司的商品。

如果做不到就停止分析，直接刪除（例如①「為什麼會注意到這個廣告」，如果「因為是知名品牌」，就不適用於自家公司的商品）。

只要平時經常像這樣分析，對於廣告「吸引人→閱讀→點擊」的判斷就會逐漸內化，在日常生活中就能提升技巧。

40 著眼法——把爆紅廣告化為外顯知識的注意要點

以前，某位負責人看到一個點擊率很高的熱門廣告，將這個廣告創意分解成要素後，判斷「化妝品的廣告與其展示容器，不如展示塗抹部位，點擊率才會高！」。然後，將之後的創意全部換成突顯「塗抹部位」的創意。

但是，替換後的創意完全沒有被點擊。

結果那位負責人判斷「即使使用熱門廣告的架構也沒被點擊，說明這個商品不行」，便捨棄那個商品。

這是完全錯誤的。

雖然如此單純的人並不多，但卻是大家意外容易落入的陷阱。

在我看來，最初的成功創意不是因為「展示了塗抹部位」，而是因為「塗抹部位的照片很水靈，有種滑潤感（刺激感官的水靈感）」。

但問了其他女職員，她們的意見則為：是不是因為背景顏色、塗抹部位的模特兒髮型、飾品都具流行感才點擊呢？

他們的看法各不相同，將完全不同的要素視為「熱門要素」。

到底哪個才是正確答案，不做各種測試是不知道的。但是，如果簡單地將熱銷的主要原因歸結為「突顯塗抹部位」，若沒成功就認為該商品本身不行，這是錯誤的。沒有那麼簡單。

如前所述，男性只能分辨出7種顏色，而女性可以分辨出29種顏色。既有性別本身的特性，每個人的視角也各不相同，所以在對熱門創意進行要素分解時，至少應該包括異性在內多人參與。

41 著眼法——文字又多又長的登陸頁優點

另一方面，雖說女性比較感性，但什麼都聽從女性的意見也會有問題。

例如，給某位女性看購買率低的登陸頁，並詢問意見時，她回答：「因為女性是憑感覺判斷的，所以不會看文字多、篇幅長的登陸頁，還是有照片和插圖比較好。」據說向很多女性確認也有同樣的意見。

在這個意見的基礎上，我將登陸頁的文章進行刪減，使用許多照片和插圖，變成文字少、篇幅短的登陸頁。

在我看來，雖說插入了插圖和照片，但說明的文字明顯減少，登陸頁本身變短了，我認為使用者閱讀後的認同感似乎會下降。

「這樣的登陸頁真的能讓人接受並購買嗎？」我半信半疑地上架了那個登陸頁。

結果不出所料，轉換率（購買率）下降了。

我問了第1位提出意見的女性理由，她回答：「是不是因為這個商品本身魅力不足？」

幾天後，那位女性說在網上買了東西，並讓我看了商品的銷售登陸頁，竟然比開頭提到的「購買率低的登陸頁」還要長。

「妳不是說，因為文字太多，所以不會讀長登陸頁嗎？」當我這樣問時，她則回答：「但是這登陸頁很有趣，所以讀到了最後，而且讀完也有認同感，所以就買了。」

結果不是「不讀文字多、篇幅長的登陸頁」，而是「不讀無趣的文章」。

雖然這個案例與性別無關，但由於加入「因為女性是○○」這句話，作為男性的我在面向女性的商品中無條件地接受了對方的話。

雖然聽取別人的意見很重要，但錯誤的是自己沒有認真思考就付諸行動。

根據我的經驗，「能看到最後的登陸頁」大多是「文字少而短的登陸頁」。

但是，「暢銷的登陸頁」大多是「文字多、篇幅長的登陸頁」。

換句話說，「文字多、篇幅長的登陸頁」很少能看到最後。

但是，「文字多、篇幅長的登陸頁」能看到最後的話購買率會很高。

由此可見，登陸頁「即使文字又多又長，也應該花心思讓人看到最後」。

42 著眼法——別做大公司在做的事

著眼法中重要的是「應該參考什麼樣的創意」。

重點有2個，「做出成果」是當然的，更重要的是**「自己明白做出成果的原因」**。

如果只關注前者的「成果」，失敗的機率相當高。

例如，參考做出成果的大企業的創意相當危險。大企業是因為有了成果才成為大企業的，但不能因此就輕易模仿大企業的廣告。製造與大型化妝品品牌相同的商品和登陸頁，並不會得到與大型化妝品品牌相同的結果，如果大型品牌和弱小品牌的商品和登陸頁相同，使用者通常也會選擇大型品牌。弱小品牌不能與大品牌「同質化」，而必須「差異化」。

因此，不能輕易相信廣告代理商之類的人所說的「這是化妝品登陸頁成功的框架。因為是大型化妝品品牌也使用的框架，所以不會錯」這種話。

當市場處於成長期時，與先行案例同質化才會產生效果。

如果市場本身在成長，那麼只要模仿先行案例，就能趁勢一起成長。

但是，市場成熟後，不應該「同質化」，而應該「差異化」。

在成熟市場上，大型企業的成功案例不是「值得學習的案例」，而是「不可碰的案例」。

對中小企業來說，不是「因為大企業在做所以正確」，而是「因為大企業在做所以不可以」。

有種叫作「蘭徹斯特策略」的競爭策略手法，在成熟的市場中，弱者要挑戰強者就要謀求差異化，強者要打敗弱者就要謀求同質化，這是鐵則。

弱者模仿強者是完全相反的做法，成功的機率非常低。

43

訴苦法——正確執行AB測試的方法

這本書中多次提到的「訴苦法」中最具代表性的就是「AB測試」。

AB測試是為了最佳化創意而進行的試驗，具體來說就是投放2種不同的廣告，測試看哪種更容易被點擊？同一廣告隨機出現2種網頁，測試哪種更容易被購買？

實施AB測試的大前提是「說什麼？」和「怎麼說？」的層次必須分開來測試。

如果混淆測試（因為本來就是2個不同的東西），就無法正確分析測試結果。

在這裡，我將更加具體地解說AB測試的正確方法。

43-1 在「說什麼？」的階段做AB測試的方法

假設對某「雙面刷毛布外套」廣告的標語進行AB測試。如果此商品有「輕」和「暖」2個特徵，那麼測量全面展示哪個特徵會更容易被點擊。

這件雙面刷毛布外套輕得讓人忘記自己有穿

VS

這件雙面刷毛布外套溫暖得讓人季節錯亂

需要注意的是，這不是針對「怎麼說（表現手法）」，而是「說什麼（概念）」的測試；如果呈現手法過於優秀，或許會發生雖然A的概念比較好，但卻是表現手法佳的B被點擊。

因此，必須事先協調好要測試的3～5個題材的表現水準。

然後，在進行「說什麼」的AB測試時，要對商品、使用者、競爭對手進行徹底調查，先選出100個素材。

從100個素材中嚴選3～5個素材，進行AB測試。

AB測試的結果，如果3～5個素材中有超過標準值的成果，則將其作為正確答案；如果沒有，則從剩下95～97個素材中再次嚴選3～5個進行AB測試。

答案。

即使錯了，也不能隨便想3～5個素材，便進行ＡＢ測試，從中選出數值最好的作為正確答案。

前者的正確答案是從１００個素材中勝出的，後者是從3～5個素材中勝出的。誰更強不用想也知道吧。

決定「說什麼」就等於決定商品的概念。

首先，最重要的是徹底調查商品、使用者、競爭對手，找出１００個素材。

第1部第5章〈要「如何說」〉中介紹了以使用者為起點，根據使用者類型撰寫廣告文案的方法，希望大家能夠靈活運用。

43-2 在「怎麼說？」的階段做ＡＢ測試的方法

在前面的ＡＢ測試「說什麼」中，「輕」這一特徵得到贊同，接著為了突出雙面刷毛布外套的「輕」，測試什麼樣的表現更容易被點擊。

這件雙面刷毛布外套輕得讓人忘記自己有穿

VS

這件雙面刷毛布外套只有奇蹟的２００克，相當於1台智慧型手機的重量

這也不是做2～3個看哪個好就投放廣告，至少要做10個左右，從有自信的開始投放。

不要忘記AB測試是要花錢的。測試做得愈多，從結果中得到的回報就愈不划算。即使花費3次、4次成本反覆進行AB測試，得到了正確答案，也有可能在短時間內感到疲憊。在如今這個廣告快速衰退的時代，如何透過最少次數的AB測試得出正確答案，直接關係到創作者的技能差距。

雖然以「網路銷售（D2C）」和「網路廣告」諮詢而聞名的「暢銷網路廣告公司（Ureru Net Advertising）」主張AB測試結果才是正義，但我們不能輕易接受這個觀點。該公司進行的AB測試中，包含以大量豐富的廣告進行無數次AB測試後獲得的熱門知識。在測試之前，就已做出「全部都是高品質的創意」，而其中哪個最好的判斷。所以即使是最差的創意，收支也大抵能平衡。

這與用外行人隨便做出來，且全部偏離目標的廣告進行AB測試，從根本上就不同。

AB測試是在反覆推敲的創意中，找出哪個是最優秀的。請大家記住，**AB測試是只允許擁有2個以上「最優廣告」的人參加的特權**。

43-3　世上最有名的AB測試

我想介紹一下美國前總統歐巴馬實踐過的AB測試。

圖 11　歐巴馬競選總統時做的 AB 測試

出處：Opitimizely（https://www.optimizely.com/insights/blog/how-obama-raised-60-million-by-running-a-simple-experiment/）

這個測試是在「說什麼」階段的測試。

歐巴馬在網上召集競選志願者時，如**圖 11** 所示，準備了幾張主圖，透過對訪問的使用者進行隨機分類（AB 測試），驗證了最能有效蒐集電子郵件位址的模式是哪種。

實際上，除了上圖的 3 張照片，還有 3 幅動態圖片，共計 6 種；右下角的紅色點擊按鈕分別是「SIGN UP」和「LEARN MORE」、「JOIN US NOW」、「SIGN UP NOW」4 種版本，因此總計有 24 種模式。

在這裡，為了簡單易懂地說明 AB 測試的重點，我將以自己的理解，集中於 3 張圖片的說明。

首先，關於最初的前提，**AB 測試並不是「因為不知道哪個更好，所以讓使用者選擇」，而是「建立了假設，而這假設正確嗎？在多個假設中，哪個最接近正確答案？」**的判斷。

在此基礎上，將圖 11 的 3 個方案按假說差異細分如下。

假說① 對總統的期望是「愛的深度」。所以A的和睦的歐巴馬家族的照片好嗎？

假說② 希望總統擁有「領導能力」。所以應該使用B的歐巴馬獨照，讓人聯想到戰鬥領袖形象？

假說③ 對新政治的期望是「自己（選民）的聲音能夠傳達」。所以C的「GET INVOLVED（參與其中）」這句廣告語好嗎？

假說④ 對新政治的期望是「改變過去的種種不滿」。所以「CHANGE（改變）」這樣的廣告語好嗎？

首先，為了確認①和②的假設哪個正確，「對廣告標語相同但照片不同的A和B進行比較試驗。

接下來，為了判斷假說③和假說④哪個正確，我們將對「皆採用歐巴馬獨照，但不同廣告標語」的B和C進行比較測試，以確認反應。

你知道結果哪個是最有成果的嗎？

被點擊最多的是A的「歐巴馬和家人」的圖片和「CHANGE（改變）」的文案（點擊按鈕是「LEARN MORE」）。

這個測試需要準備適當的照片和文案，詢問「哪個最受歡迎？」而不是讓使用者來選擇。

先對「國民對總統的期望」或「選民對政治的期望」建立假設，並以該假設為基礎準備照片和文案進行驗證。

根據AB測試的結果應該掌握的不是「A最受歡迎！就這樣！」，而是「美國人民『熱愛』總統，對政治要求『變革』」。

如果沒有建立假設，就只能單純得出「有孩子的照片容易被點擊！」、「1個字的廣告標語更受歡迎！」這樣莫名其妙的解釋。

是否真的是因為「美國人民『熱愛』總統，對政治要求『變革』」才點擊的呢？這個時候雖然還不明確，但是透過重複同樣的操作，假設就會變成確信，而能從「橫幅放怎樣的照片比較好？」這種初級疑問，進階到了解「如何進行總統選舉」這類高級祕訣。

如果正確使用AB測試，就會改變選舉戰、當選總統，甚至會改變國家的走向。

補充一下，考慮到歐巴馬獲得的捐款金額，據說這一改善帶來的增收效果約60億日圓。

AB測試的經典改善形式（改變標語、改變圖片），如果是熟悉測試的工程師，1個小時左右就能應對。

這個案例可說是用AB測試創造出「1小時60億日圓」的成效，也證明了此測試的價值和重要性，因而成為世界上廣為人知的著名案例（關於AB測試的解釋有很多種，在此是以我自己的理解進行解說，請諒解）。

44 訴苦法——推薦採用AB-X測試

AB-X測試是AB測試的進化形式。

AB測試雖然是便利的方法，但是誤用的情況也很多。就像我再三提及的，在AB測試中，將ABC3則廣告分成3組投放，將最明顯的結果視為「正確」。

但是在現實中，經常會出現A、B、C的單次成本（單次獲客成本）都是虧損的情況，也就是說，這些都是「錯誤」。

即便如此，因為B的成果最好，所以把B視為「正確」，以B為起點進行改良，最後能達到收支平衡的情況也很多。如果稍微改良就能趕上的話還好，但如果是不把轉換率（CVR）和點擊率（CTR）提高2~3倍就無法獲利的情況，就算再怎麼改善B也來不及。

這種時候，就需要製作完全不同類型的X、Y、Z廣告。

原本得設定單次成本、轉換率、點擊率的目標，將超過這個目標的方案當作「正確」，看「正確」的選項中哪個最好。

雖然大家應該很清楚這點，但在以AB測試的名義進行測試時，難免會只針對眼前ABC的成果進行比較和判斷。

所以，硬要在名稱上加入「X」，取名為「AB-X測試」，讓人們意識到XYZ的存在。雖然只是件小事，但這種小小的意識非常重要。

像這樣的「ＡＢ－Ｘ測試」，因為得同時判斷是要從ＡＢＣ中選擇，或是要製作新的ＸＹＺ，故必須設定「目標數字」。具體來說，目標數值就是「單次成本上限」，若缺少目標數字就無法判斷是否要製作Ｘ。

在製作廣告時，有時轉換率是課題，有時則是點擊率。

如果單次成本上限是確定的，那麼從單次點擊成本可以倒推需要的轉換率；所以當ＡＢＣ中若有超過所需轉換率的方案就可採用，如果沒有超過，就必須製作ＸＹＺ。

在大幅低於所需轉換率的情況下，分析ＡＢＣ哪個最好、為什麼好等毫無意義。應該儘快忘記ＡＢＣ，著手進行ＸＹＺ。至少在這個時候我們知道「不能參考ＡＢＣ的廣告」。

45

訴苦法——烏魯夫・吉夫法則

有個叫烏魯夫・吉夫的美洲原住民角色，向奔跑的野牛群投擲標槍，心想「這麼多，應該會刺到其中一頭吧」，結果一頭也沒刺到。

長老建議他：「你以為會刺到整群野牛裡的隨便一頭而扔出標槍，結果一頭也刺不到。群體是一頭一頭聚集而成，每一頭都有不同的動作。好好地瞄準一頭，觀察那頭的動作，使出渾身解數向那頭投擲標槍。」

這是動畫《魔投手》中的一個小插曲，廣告也是一樣的。

如果不了解每個人的具體情況，抱著「一定會有人買」的想法做出創意，是絕對不會有人買的。

另外，對隨便製作的3個廣告進行AB測試，認為「總有一個會中吧」，結果都中不了。隨便扔出去的標槍，投擲力道、角度、速度肯定都很一般。就算偶然打到野牛，也會反彈而不會刺入。如果要刺的話，即使是一整群，也應該瞄準明確的一頭，使出渾身的力氣投出標槍。這樣才會成為刺到目標的標槍。

讓顧客在隨便投放的廣告中挑選，就好比期待隨便扔出的標槍能自行射中野牛，這是不可能的。

用3個廣告進行AB測試的時候，也必須準備3個絕對中選的廣告。只有全力投出的廣告才能打中目標受眾。

「總有一個會中吧」、「總有人會買吧」，這種模稜兩可的廣告絕對不會中獎，也絕對不會被購買。

另外，說句題外話，對於新事業、新專案、新商品或為了達成事業目標而制定的對策方案等，若是抱著「做10個總會有個中獎」的心態濫登廣告，也不會成功。

因為若同時做很多新的事情，會分散戰鬥力，後勤線也拉長，成功的機率就會驟降。應該根據優先順序，挑選少數目標並集中戰鬥力。

我在多年的商業實踐中得到的教訓是，世界上只有「認真」的東西才會有成果。首先要做出絕對能中獎的認真廣告。

如果能認真地做出1個，就重複10次，做出10個。

只有這樣，10個廣告中才會出現有效的那個，成為能製作「有效廣告」的人。

46 廣告調整的判斷標準及其方法

從資料倒推創意進行微調（調整）時，需要分階段判斷。

當收支不平衡，單次成本超過上限時，必須提高轉換率（購買率）。

點擊廣告進入頁面卻沒有購買，可能是因為廣告中加入了與登陸頁宣傳部分不同的要素，從而引發了點擊。由此造成點擊後的差距，或者雖然有興趣點擊了，但登陸頁的品質很低，所以沒有購買。

因此，為了提高轉換率，可配合登陸頁改變廣告文案，或配合廣告文案修改登陸頁（插入報導登陸頁的情況，也能有效提高轉移率，但為簡化敘述，此處省略）。

但是，也不應該什麼都調整。正如在訴苦法頁面中詳細介紹的「AB-X測試」一樣，根據情況有時不進行調整，直接想新的X會更好。以結果來說，可以考慮

「透過廣告＋登陸頁的組合調整廣告素材。」
「放棄廣告＋登陸頁的組合。」
這2種方法，原則上是根據以下2種模式當作判斷標準。

【有購買的情況】

在有購買商品的情況算出轉換率的實績。此時的判斷標準是：

①確認了這次的業績，轉換率為0・3%（假設）。
②確認收支平衡的轉換率。

例如，在單次成本上限為1萬日圓，單次點擊成本（Cost Per Click，每次點擊的單價）為100日圓時，最低限度所需的轉換率為1%。
此時，為了使單次成本一致，轉換率必須提高3・3倍以上。
像這樣，首先要正確把握自己在調整創意時必須得到的數字。
這次確認了「轉換率3・3倍」這個數字。
那是有可能出現的數字嗎？
重新審視廣告和登陸頁，如果明顯覺得「這裡和這裡的整合性不一致，修正一下應該能達到3・3倍以上」，就可以做出「微調」的判斷。

不過，若重新審視廣告和登陸頁後，是「大致瀏覽也不知道哪裡該怎麼修改」的程度，要修改到3．3倍是不可能的。即使進行細微的修正，最多也只能達到1．2倍左右，無論如何都不划算。

在這種情況下，應該做出「放棄廣告+登陸頁的組合」的判斷。

【沒有購買的情況】

在沒有發生購買的情況下，業績轉換率的分母為0，無法計算。因此，判斷標準是：

①首先，確認收支平衡的轉換率。

②確認使用該廣告媒體時此商品的平均轉換率。

以①來說，例如與前面一樣，在單次成本上限為1萬日圓，單次點擊成本為100日圓的情況下，最低限度需要的轉換率是1%。

如果確認②的平均轉換率為2%，那麼只要拿出平均轉換率的一半成果就可以實現收支平衡，實現收支平衡的難度很低。因此應該判斷要「微調」。

但是，假設平均轉換率為0．3%的情況又如何呢？

如果不能做出平均轉換率3倍以上的成果，就不划算。

在這種情況下，因為難度相當高，所以判斷「放棄這個廣告+登陸頁的組合」或許是明智的選擇。

不能盲目地努力，好不容易有明確的數字，因此必須正確地看清「應該往哪裡努力」。

重要的不是「努力調整」，而是「拿出成果」。

47 整頓登陸頁時該注意的事

有種被稱為「電子舌頭」的機器，可以將味道數值化。

只用這個電子舌頭測量大米的味道，能判斷「好吃」還是「不好吃」嗎？

答案是否定的。

即使是同樣的米，只吃米飯和先吃醃蘿蔔再吃米飯，感受到的「美味」是不一樣的。「美味」僅憑米本身的味覺數值是無法判斷的。

那麼，只看登陸頁的轉換率（購買率）和熱圖的資料，能判斷這個登陸頁的好壞，以及需要改善的地方在哪裡嗎？

答案同樣是否定的。

因為轉換率和熱圖，會依據與登陸頁之前的廣告的契合度而完全不同。

例如，為了提高點擊率，放上「電視上介紹的某某祕密終於揭曉了！」的廣告文案。但是，若點擊後連接的登陸頁完全沒提及電視介紹的內容，那麼再好的登陸頁，轉換率也會變低。

另外，如果點擊了文案是「請看實際使用者的變化」的廣告，登陸頁的前後比對照片在熱圖上當然會變成紅色。

即便如此，這個登陸頁的前後對比照片也不能說是好的內容。

所以在看數值的時候，一定要先看「創意本身」和「前一道工序的創意」再看數據。

就味覺感測器而言，最重要的是「試著吃，用自己的舌頭確認」。用自己的標準判斷「好吃不好吃」，然後才看數值。確認自己的「美味」體現在哪些數值上，哪些沒有。

在此基礎上，判斷該資料在什麼情況下可以使用，在什麼情況下不能使用。

不看創意，僅憑資料判斷還會出現這樣的錯誤。

例①

因為熱圖是紅色的，所以對這個內容感興趣。

↓也許只是因為文字小而要盯著看。

例②

這個廣告和這個報導登陸頁（橋接登陸頁）和這個登陸頁（銷售登陸頁）的組合轉換率很高，所以這個架構是「有效的架構」。

↓也許只有登陸頁（銷售登陸頁）的品質非常高。把廣告或報導登陸頁（橋接登陸頁）換成其他的東西也可能是同樣的轉換率。

例③

換了新的報導登陸頁後，轉移率極端地上升了。這個報導登陸頁的品質很高。

↓也許不是報導登陸頁的品質高，而是和廣告的契合度佳。如果與其他廣告組合，轉移率可能會下降。

這些都需要將創意和資料進行比較。

僅憑資料進行判斷，很可能會出現嚴重的錯誤。

另外，如果先看資料，就會以資料是「正確」為前提來觀察，而忽略重要的課題。正確的順序如下。

①先看廣告。
②建立假設。
③用資料對照假設的答案。
④從資料中發現假說中沒有出現的問題。

不確認創意，僅憑資料判斷的工作不是網路行銷，而是數位操作，會逐漸被AI和RPA（Robotic Process Automation／業務流程自動化的一種）取代。那不是需要我們特地做的工作。

如果你想成為一流的美食家或廚師，就必須讓舌頭變得肥碩，同樣，如果你想成為一流的行銷人員，就必須鍛煉用自己的眼睛解讀創意的能力。

48 以KPI判斷優先順序

假設使用廣告→橋接登陸頁→銷售登陸頁的流程投放廣告，當廣告的總轉換率（購買率）很低，必須調整創意時，會猶豫是該提高橋接登陸頁的轉移率，或是銷售登陸頁的轉換率。

此時需要倒推「必達目標值」，即轉移率、轉換率達到百分之幾才符合單次成本（在單次點擊成本和對方的實績固定的情況下）。

然後將該媒體、該商品的「平均轉移率、平均轉換率」與「必達目標值」進行比較，計算「哪個實現難度低」並做出判斷。

計算公式是「平均值÷必達目標值」，比較用轉移率和轉換率分別計算的值，該值低的話理論上難度就低。優先進行難度低的工作是很重要的。

實際上，我們公司是透過系統進行計算並自動判斷的。

在本公司的廣告管理系統中，對於不符合單次成本的廣告流程，會自動在「應該提高轉移率」或「應該提高轉換率」的專案中添加「推薦標記」。

針對那個推薦的方法全力發揮創意能力。

像這樣，人類思考的很多事情都可以資料化，透過簡單的程式設計就可以實現自動化。能資料化的地方就資料化，由系統自動判斷，不能資料化的地方就由人工判斷。

企業最重要的資源是人的頭腦。

為了最大限度地利用大腦，最重要的是創造環境，把系統能做的事情全部交給系統，讓人們集中精力做創造性的工作，進行只有人類才能做的判斷。

49

無法成為長期策略的投機SEO與終極SEO

SEO（從Google和Yahoo!等搜尋引擎增加流量的方法）在我看來並不重要。

本公司自創業以來從沒在投機SEO下工夫。今後應該也不會這麼做。

這是因為投機SEO的效果短暫，作為長期的商業策略來說效率很低（這裡所說的投機SEO主要是指利用演算法漏洞，提高搜尋排名的偏門方法）。

投機SEO簡單來說就是以下的例子。

①Google想「把更好、更正確的資訊顯示在更高的位置」。以各家公司的官方網站來說，帶有公益性的「上市企業」資訊普遍來說是正確的。因此，他們想「把上市企業放在更靠前的位置」。

②為了實現①，Google的工程師設計了程式。如果頁面中有「上市」一詞，就很有可能是上市公司的頁面，因此可以將這類頁面設置在更靠前的位置。

③與之對應的絕招是，雖然不是上市企業，但加入「總有一天會上市」的語句。像這樣，透過故意加入「上市」的字串，以便能顯示在前幾名。結果，明明不是上市企業，卻排在前幾個搜尋結果。

這樣使用密技對付Google程式的SEO操作，是非常不好的例子。

從Google的立場來看，這樣的SEO是漏洞，和攻擊安全性漏洞的病毒一樣。

因此，為了防止SEO失效，Google會不斷更新程式。

例如採取「不搜尋官網內的字串，而是從該官網的功能變數名稱的所有者確定企業名，對照證券交易所的上市企業名單後，如果有符合的就視為上市企業而優先顯示」的對策。

但是，在投機SEO中，更有一招是「將公司名稱變更為與上市公司相同的公司名稱，用該公司名稱取得功能變數名稱，製作官網」。

結果，明明不是上市企業，卻排在前幾名。

因此，Google在前述對策的基礎上再次升級程式，「根據是否被證券交易所、日經新聞等著名媒體連結，來判斷是否為上市公司」。

……綜上所述，SEO最終就是這種貓捉老鼠的遊戲。

這可以說是安全與病毒的戰爭。

即使它能繞過Google的眼睛，順利地顯示在前幾名，優秀的Google工程師們也會更新程式，使其恢復到正確的排序。

因為更新後排名下降，本來就不被Google認為是「正確的排序顯示」。

如果想要長期持續顯示在前面，就應該在「正確的排序顯示」下被優先顯示。

為此，有必要理解Google將什麼作為「正確的排序顯示」。

前述的情況是「上市公司被顯示在前幾位」。

與此相對，投機SEO是指「明明不是上市公司」，卻讓Google的程式誤認為是上市公司，並將其顯示在前幾位的行為。

即使順利進行，半年後也會因更新而下降。

為了長期持續被優先顯示，我們要做的並不是分析程式，找出絕招。而是讓自己「成為上市企業」。以10年為週期來看，SEO的技術會逐年提高，與其繼續纏鬥，不如老實努力才更踏實。

Google是聚集了全世界優秀工程師的集團。要想和這家公司合作，不要和那些優秀的工程師戰鬥，讓他們成為我們的夥伴才是聰明的。

Google想讓「好的信息、好的公司、好的商品」排在前面。

明明不是好的資訊、好的公司、好的商品，卻要把它排在前面，這是與Google工程師作對的行為。不要把精力浪費在這種盲目的事情上，應該把目標轉向製造「好公司、好商品」。

這樣一來，即使不用努力，Google優秀的工程師們也會設計出讓我們的商品和公司排在前面的程式。

因此，我們公司不是在磨練SEO技術，而是在打造「好公司、好商品」上竭盡全力。

反過來說，這就是終極的SEO。

50 導航塞車理論——用差異化迴避「壅塞」

機器雖然非常方便，但也有不好的一面。

例如，如果所有人都使用同樣的導航系統，就會造成交通堵塞。

同樣地，若用「化妝品的制勝模式是這個」的方法製作登陸頁，設定市場區隔進行廣告操作，藉由廣告科技參考其他公司的同類商品調整廣告文案，投放方法就會趨向一致。

如果在最初階段與其他公司的商品「同質化」，廣告科技就會加速這種同質化。如前所述，在市場的「成長期」，「模仿成功案例」是正確的做法。

但是，現在的市場是「成熟期」。在處於成熟期的飽和市場上，如果採用這種方式，就無法與其他公司的商品進行差異化競爭。等於是自己投入自己創造的紅海。

因此，現在首先必須在最初階段進行「差異化」。

然後讓廣告科技對這種「差異化」進行機器學習。

市場每時每刻都在劇烈變化。

即使如此，也不能一直依賴5年前學到的勝利模式。

導航雖然方便，但是完全依賴導航的話就會被捲入堵車（紅海）中。

如果不掌握自己看地圖、自己思考方向的能力，就無法生存。

第2章 為「利潤」設定與測量ＫＰＩ

技術運用中最重要的是「數字」。

現今的時代，在網路上很多現象都可以用數字準確地測量。

過去，由於無法準確把握哪些促銷活動帶來多少營收，所以管理促銷活動的部門、管理營收的部門、管理利潤的部門各司其職。花費鉅額宣傳費用成功提高了知名度，營收和利潤卻沒有提高，這樣的例子比比皆是。

現在，只要組合正確的資料和假設，就能以企業的根本利益為標準評價所有的行銷活動。

為此，我們有必要了解ＫＰＩ的設定方法和ＫＰＩ的測量方法，ＫＰＩ的目標不是「提高知名度、形象、營收」，而是「利潤」。

51 創造利潤的單次成本與LTV正確計算法

為了在技術行銷操作中測量和掌握重要的「數字」，有必要掌握基礎的計算方法。然後，將這個數字和利潤聯繫起來。

在此，我將詳細介紹如何從「單次成本（CPO）」和「顧客終身價值（LTV，Life Time Value）」的計算公式中獲取利益。

51-1 單次成本計算方式

單次成本是指為了獲得1個人的訂單所花費的促銷成本。

例如，花100萬日圓的廣告費在報紙上投放廣告，結果獲得了100個人訂購的情況則為：

100萬日圓÷100人＝1萬日圓／人→單次成本為1萬日圓

促銷成本一般指的是廣告刊登費用，但每次為刊登廣告而製作廣告文案的成本也得算進去（根據行業不同，還包括店鋪租金和營業人事費）。

51-2 LTV（顧客終身價值）計算方式

LTV是指在一定期間內從1名客戶處獲得的營收（或利潤）。

例如，3000日圓的商品在1年內平均被購買4次，那麼1年的LTV就是1萬2000萬日圓。

以1年為單位來觀察。銷售3000日圓的商品（假設按毛利率100%計算），如果廣告的單價是1萬日圓，首次購買時就會出現7000日圓的赤字。

但是，如果該商品的重複購買率很高，平均1年內購買4次的話會怎樣呢？從一整年來看，該廣告產生了3000日圓×4次＝1萬2000日圓的營收，即使單價為1萬日圓，也能產生2000日圓的利潤。

在處理重複購買率高的商品時，以LTV為基準思考就能設定可投資的單次成本上限，將機會最大化（對於沒有重複購買率的商品，LTV等於客單價，因此在首次購買時就要達到收支平衡）。

51-3 平均每人利潤＝LTV（×毛利率）－單次成本

在這裡，首先要牢牢記住**平均每人利潤＝LTV（×毛利率）－單次成本（每獲得1名客**

戶的成本）。如果不把這些記在腦裡，就無法判斷「成效好」或「成效不好」。

與此相對，在利潤管理方面，續約率和解約率等是優先順序非常低的數值。有時不知道也沒關係。

那麼，增加整體利益的方案首先分為以下2種。

①在保持平均每人利潤不變的情況下，將轉換次數（購買數）最大化

②提高平均每人利潤

當然2種都做比較好，但在有限的資源中，應該從「最擅長的地方」開始集中精力。①「在保持平均每人利潤不變的情況下，將轉換次數（購買數）最大化」是指單純地提高攬客次數，方法包含：

- **增加廣告顯示次數→「在同一媒體上增加廣告顯示次數」、「增加刊登媒體」**
- **提高效率→「提高點擊率」、「提高轉換率（購買率）」**

與此相對，②「提高平均每人利潤」可分為以下2種。

- **降低單次成本**

・提高LTV

降低單次成本有「降低競標單價」、「提高點擊率」、「提高轉換率」這3種方法。

要想提高LTV，可以從「提高單次購買的顧客單價」、「增加交叉銷售」、「提高續約率」、「降低解約率」中選擇1個或多個方法。

如上所述，「續約率」和「解約率」只是提高利潤的「1個要素」。

極端地說，如果單次成本極低，或者交叉銷售率異常高，LTV也很高，那麼在經營上就可以認為是不重要的數字。

52 更正確的LTV計算法

測量LTV對於機會最大化很重要。但若不能進行正確的計算，就會產生「首次購買時雖收支不平衡，但後續重複購買的話應該能平衡」的想法，雖然投入大量的廣告，但實際上無法回收，恐怕會產生巨大的赤字。

為了防止這種情況發生，能否計算出正確的LTV是非常重要的，在我看來，很多公司的

圖 12　能夠準掌握 LTV 的顧客帳簿範本　（單位：日圓）

顧客帳簿　河野先生
顧客識別碼　XXX001

【首次訂購資訊】
・商品A
・廣告媒體Ⓐ
・廣告ID
・登陸頁ID
・活動ID

首次訂貨日	自首次訂貨日起1個月後的日期	自首次訂貨日起2個月後的日期	自首次訂貨日起3個月後的日期	自首次訂貨日起4個月後的日期	自首次訂貨日起5個月後的日期	自首次訂貨日起6個月後的日期	自首次訂貨日起11個月後的日期	自首次訂貨日起12個月後的日期
2021/8/7	2021/9/7	2021/10/7	2021/11/7	2021/12/7	2022/1/7	2022/2/7	2022/7/7	2022/8/7
5000	10000	10000	15000	20000	20000	25000	25000	25000

顧客帳簿　岸田先生
顧客識別碼　XXX002

【首次訂購資訊】
・商品A
・廣告媒體Ⓐ
・廣告ID
・登陸頁ID
・活動ID

首次訂貨日	自首次訂貨日起1個月後的日期	自首次訂貨日起2個月後的日期	自首次訂貨日起3個月後的日期	自首次訂貨日起4個月後的日期	自首次訂貨日起5個月後的日期	自首次訂貨日起6個月後的日期	自首次訂貨日起11個月後的日期	自首次訂貨日起12個月後的日期
2020/12/1	2021/1/1	2021/2/1	2021/3/1	2021/4/1	2021/5/1	2021/6/1	2021/11/1	2021/12/1
5000	5000	10000	20000	20000	25000	25000	25000	30000

顧客帳簿　岡村先生
顧客識別碼　XXX003

【首次訂購資訊】
・商品A
・廣告媒體Ⓐ
・廣告ID
・登陸頁ID
・活動ID

首次訂貨日	自首次訂貨日起1個月後的日期	自首次訂貨日起2個月後的日期	自首次訂貨日起3個月後的日期	自首次訂貨日起4個月後的日期	自首次訂貨日起5個月後的日期	自首次訂貨日起6個月後的日期	自首次訂貨日起11個月後的日期	自首次訂貨日起12個月後的日期
2020/11/15	2020/12/15	2021/1/15	2021/2/15	2021/3/15	2021/4/15	2021/5/15	2021/10/15	2021/11/15
5000	10000	10000	15000	20000	20000	25000	25000	25000

LTV計算法都有問題。

正確的LTV計算方法並不是用1年的營收除以客戶數量那麼簡單。

如果採用這樣的計算方法，1月1日購買的人的對象期間是1年，而12月31日購買的人的對象期間是1天，計算平均值完全沒有意義。

另外，如果是根據平均重複購買率、平均客單價、平均解約率等計算出的方法，則需要扣除首次折扣訂單時的金額，比較複雜。此外，也無法反映未定期購買的顧客的再次訂購和其他商品的交叉銷售等情況。

要想計算出正確的LTV，不能用「預測」資料，而要使用「實際業績」資料。根據每個顧客的購買業績計算LTV的方法是最正確的。

每位顧客「首次購買1年後」的日期不同。

要想看到「首次購買1年後的LTV」，就必須計算出每個顧客1年後的累計購買金額，並得出平均值。

圖 13　以顧客帳簿計算每個客戶正確 LTV 的方法（單位：日圓）

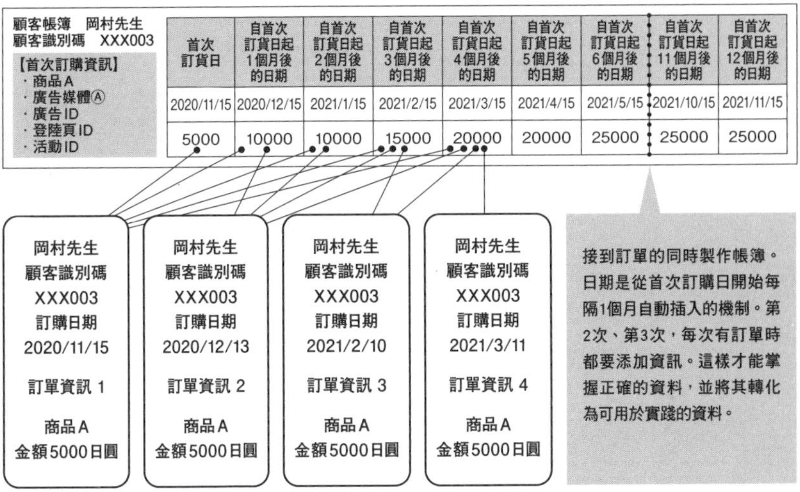

顧客帳簿　岡村先生
顧客識別碼　XXX003
【首次訂購資訊】
・商品A
・廣告媒體Ⓐ
・廣告ID
・登陸頁ID
・活動ID
首次訂貨日 | 自首次訂貨日起1個月後的日期 | 自首次訂貨日起2個月後的日期 | 自首次訂貨日起3個月後的日期 | 自首次訂貨日起4個月後的日期 | 自首次訂貨日起5個月後的日期 | 自首次訂貨日起6個月後的日期 | 自首次訂貨日起11個月後的日期 | 自首次訂貨日起12個月後的日期
2020/11/15 | 2020/12/15 | 2021/1/15 | 2021/2/15 | 2021/3/15 | 2021/4/15 | 2021/5/15 | 2021/10/15 | 2021/11/15
5000 | 10000 | 10000 | 15000 | 20000 | 20000 | 25000 | 25000 | 25000
岡村先生 顧客識別碼 XXX003 訂購日期 2020/11/15 訂單資訊 1 商品A 金額5000日圓
岡村先生 顧客識別碼 XXX003 訂購日期 2020/12/13 訂單資訊 2 商品A 金額5000日圓
岡村先生 顧客識別碼 XXX003 訂購日期 2021/2/10 訂單資訊 3 商品A 金額5000日圓
岡村先生 顧客識別碼 XXX003 訂購日期 2021/3/11 訂單資訊 4 商品A 金額5000日圓
接到訂單的同時製作帳簿。日期是從首次訂購日開始每隔1個月自動插入的機制。第2次、第3次，每次有訂單時都要添加資訊。這樣才能掌握正確的資料，並將其轉化為可用於實踐的資料。

為了準確把握，需要製作如**圖12**所示的顧客帳簿，並在其中添加每個顧客的資料。

假設第3段的顧客資料是從「岡村先生（化名）」首次下單到1年後的資料，掌握方法和資料的變遷如**圖13**所示。

製作流程為，先在首次訂貨的2020年11月15日製作這張表。這個時候，從首次訂購開始往後的日期會自動插入每1個月的日期。然後，根據訂單的增加，更新在這個日期之前的訂單的累計營收。

另外，首次訂購日2020年11月15日之前的訂單只有「訂單資訊1」，因此累計營收為5000日圓。

然後，假設岡村先生在2020年12月13日再次下單，將此追加為訂單資訊2。到2020年12月13日為止有2份訂單。

在首次訂購後過了1個月的2020年12月15

日，就可以算出「1個月後的LTV」。

從首次訂購到1個月後的2020年12月15日為止的訂單為「訂單資訊1」和「訂單資訊2」2份，累計營收為1萬日圓。這1萬日圓就是岡村先生「1個月後的LTV」。

之後，岡村先生接二連三地訂購，隨著時間的推移，LTV也愈來愈好。

要算出正確的LTV，就要像這樣製作每位顧客從首次訂購開始、以時間排序的LTV表。

這就完成了「岡村先生」的LTV。像這樣針對每位顧客製作LTV表，得出每位顧客的共同項的平均值，才能作為資料使用。

另外，請注意顧客帳簿的左側。項目如下。

【首次訂購資訊】

- 商品A
- 廣告媒體Ⓐ
- 廣告ID
- 登陸頁ID
- 活動ID

例如，如果按廣告媒體縮小商品A的範圍，像是「從廣告媒體Ⓐ購買商品A的人的

圖 14-1　商品 A 的購買者之各廣告媒體的 LTV（單位：日圓）

累計營收	首次下訂	1個月後	2個月後	3個月後	6個月後	12個月後	2年後	3年後
廣告媒體Ⓐ	3000	4900	6300	7500	8800	11000	15000	17000
廣告媒體Ⓑ	3000	4400	5500	6600	8400	14000	19000	24000
廣告媒體Ⓒ	3000	4800	5700	7800	9200	15000	20000	23000

【12個月後獲利2000日圓】

根據以哪個數字為基礎，單次成本也會發生變化！

圖 14-2　商品 A 的購買者之整體的 LTV

累計營收	首次下訂	1個月後	2個月後	3個月後	6個月後	12個月後	2年後	3年後
廣告媒體ⒶⒷⒸ合計	3000	4700	5833	7300	8800	13333	18000	21333

LTV」，則可以計算每個廣告媒體的數字（圖14-1）。

即使對於同一產品，當測量每個廣告媒體的LTV時，也經常可以看到其趨勢。

由於各廣告媒體的使用者客群不同，即使購買了同樣的商品，透過不同的廣告媒體購買的LTV金額也會出現意外的差異。

一般來說，廣告媒體的使用者年齡層愈高，LTV就愈高；年齡層愈低，LTV就愈低。因此，從年齡層高的使用者經常關注的廣告媒體獲得的新客戶，LTV就愈高。像這樣記錄每個廣告媒體的LTV是很重要的。

例如，12個月內要賺取利潤2000日圓時單次成本的上限（假設以毛利率100%計算），廣告媒體Ⓐ在9000日圓以內，廣告媒體Ⓑ在1萬2000日圓以內，廣告媒體Ⓒ則在1萬3000日圓以內。

此外，計算商品A本身的LTV，而不按廣告媒體劃分的結果是**圖14-2**（此時，廣告媒體ⒶⒷⒸ的人數都完全相同）。

從圖14-2可以看出，要想在12個月內獲得2000日圓的利潤，單次成本的上限為1萬1333日圓（1萬3333日圓-1萬1333日圓=2000日圓）。

這裡請仔細比較一下圖14-1和圖14-2。同前述要在12個月內賺取2000日圓的利潤時，如果根據商品A的LTV數值以過去的方式投資廣告，12個月後的LTV在廣告媒體Ⓐ只有1萬1000日圓，所以計算出每獲得1個新客戶時會出現333日圓的赤字。換句話說，現在是用廣告媒體ⒷⒸ填補利潤。

像這樣粗略地計算LTV，有可能會出現部分虧損而不自知的風險。由此可見，有必要盡可能詳細地計算LTV。

例如「僅限首次購買，半價！」等大特價的情況，單次成本會下降。而LTV也會隨之下降。如前所述，「利潤=LTV（×毛利率）-單次成本」，所以即使單次成本降低，也會因為LTV降低導致利潤減少。

不只是廣告媒體，還要根據商品的訴求切入點、折扣報價等「可能對之後的重複購買率產生影響的差異」進行分類，計算出LTV，徹底避免「雖然賣得好，但沒有利潤」的情況。

53 剛上市商品的LTV預測法

圖15　新商品LTV的預測方法（單位：日圓）

累計營收	首次下訂	1個月後	2個月後	3個月後	6個月後	12個月後	2年後	3年後
廣告媒體ⒶⒷⒸ合計	3000	4700	5833	7300	8800	13333	18000	21333
12個月後的LTV比例	23%	35%	44%	55%	66%	100%	135%	160%
新商品	3000	6000				17143 (6000 ÷35%)		

每次更新資料都要重新設定12個月後的LTV，
使用表格的同時也要修正單次成本的上限

如果是剛上市不久的新商品，就不存在從首次購買開始超過1年的顧客。在這種情況下，應該如何測量LTV，設定單次成本上限呢？這裡參考已發售的自家公司商品的資料。

假設參考剛才的商品A的數值，如**圖15**所示，計算出12個月後各月份相對於LTV值的%數。

然後在新產品上市1個月左右就可以計算出1個月後的LTV。

假設這個新商品1個月後的LTV是6000日圓。商品A的1個月後LTV是12個月後LTV的35%，則

1年後LTV的預測：6000日圓÷35%
＝1萬7143日圓

此時，我們將1年後LTV的預測值定為1萬7143日圓。然後，以此為基礎設定單次成本上限。假設1年的利潤是2000日圓，

單次成本上限：1萬7143日圓－2000日圓＝1萬5143日圓

於是，1到2個月後，以單次成本上限1萬5143日圓運用廣告。

又過了1個月，當計算出2個月後的LTV時，將2個月後的LTV除以12個月後的LTV，重新計算（在這種情況下，2個月後的LTV÷44%）。

根據這裡得出的12個月後的LTV修正單次成本上限。

如果低於1萬7143日圓，就必須降低單次成本上限來控制廣告投資；如果高於1萬7143日圓，就提高單次成本上限增加廣告投資。

像這樣，每個月都用最新的LTV進行分析，提高準確性，減少虧損和機會損失。

54 辨別廣告媒體優劣的方法

知道了單次成本和LTV，就能簡單判斷廣告媒體的優劣。

例如，透過搜尋引擎的關鍵字廣告獲得顧客的單次成本為3000日圓。如果1年LTV為7500日圓，則1年利潤為4500日圓。

另一方面，假設透過集點任務網站（購買該商品就能獲得積分的優惠網站）獲得顧客的單次成本為1000日圓，僅為該網站的三分之一。

【關鍵字廣告】

・單次成本：3000日圓

・1年LTV：7500日圓

【集點任務網站】

・單次成本：1000日圓

・1年LTV：3000日圓

如果只是這樣的話，與搜尋引擎相比，透過集點任務網站獲取客戶的報價（當客戶滿足某個條件時給予的回報）更高，因此單次成本也會更低，看起來似乎更好。

但是，像這樣報價強的廣告的LTV有較低的傾向。

以「積分」為理由購買的人，即使對商品不感興趣也會購買，單次成本降低的同時重複購買率也會降低。

因此，假設1年LTV為3000日圓，則1年利潤為2000日圓，與搜尋引擎的關鍵字廣告相比，每個顧客帶來的利潤較低。

從「平均每人利潤」來判斷的話，可以說搜尋引擎的關鍵字廣告是比集點任務網站更優質的廣告媒體。

【關鍵字廣告】

・單次成本：3000日圓

・1年LTV：7500日圓

・1年利潤：4500日圓

【集點任務網站】

・單次成本：1000日圓

・1年LTV：3000日圓

・1年利潤：2000日圓

但是，值得注意的是，各廣告媒體所擁有的使用者數量是不同的。

假設關鍵字廣告每月能吸引100名顧客，就會變成：

平均每人利潤：4500日圓×100人＝45萬日圓

如果1個月從集點任務網站獲得300名顧客，則為：

平均每人利潤：2000日圓×300人＝60萬日圓

從集點任務網站獲得的利潤總額更多。

像這樣，判斷哪個廣告媒體更優秀，是透過「每位顧客帶來的利潤額」和「該媒體的獲得數量潛力」的乘法來判斷的。

55 銷貨收入最小化、利益最大化的法則

詳細內容請閱讀拙著《億萬社長高獲利經營術》（商業周刊），因為很重要，所以在這裡也稍微提及。請一邊看著**圖16**一邊閱讀。

假設某種商品1年的客單價（LTV）為1萬1000日圓。

將該商品的銷售乘以單次成本（單次獲客成本）的上限設定為1萬日圓，根據「利潤＝LTV×毛利率－單次成本」的公式，假設毛利率為100％，那麼第1年的利潤就是1000日圓。 ※為了簡單表示公式，省略「×毛利率100％」。

1年LTV1萬1000日圓－單次成本1萬日圓＝利潤1000日圓

如果想要獲得1000個新客戶，會怎樣呢？

1年利潤100萬日圓＝1年營收1100萬日圓（LTV1萬1000日圓

×１０００人）－**廣告費１０００萬日圓（單次成本１萬日圓×１０００人）**

就會成為這樣的公式。如圖16的上半部分所示。

這樣計算的話，可能會覺得沒有任何問題。

但是，上半部分表格的計算只是看整體廣告費，實際上如果不看廣告的具體內容，就無法知道每個廣告是否在收支平衡的基礎上。

請看圖16中段的表。假設該事業投放A和B的2種廣告，獲得的新客戶數量為１０００個，而廣告A和B各獲得了５００個。

在這種情況下，確認各自的單次成本後可知：

廣告A的單次成本：８０００日圓
廣告B的單次成本：１萬２０００日圓

在這個階段，廣告B將超過單次成本上限1萬日圓。

也就是說，廣告B沒有帶來利潤，反而產生了損失。

廣告A的營業額：５５０萬日圓
廣告A的廣告費：４００萬日圓

圖16　「銷售額1100萬日圓、利潤100萬日圓、利潤率9%」商品的LTV　（單位：日圓）

1年LTV	單次成本上限	1年目標利潤
1萬1000	1萬	1000

銷售額1100萬日圓
利潤100萬日圓
利潤率9%

	數量	單次成本	廣告費	1年營收	1年利潤
總計	1000	1萬	1000萬	1100萬	100萬

在單次成本上限內

按廣告分類計算

銷售額1100萬日圓
利潤100萬日圓
利潤率9%

明細	數量	單次成本	廣告費	1年營收	1年利潤
廣告A	500	8000	400萬	550萬	150萬
廣告B	500	1萬2000	600萬	550萬	−50萬
總計	1000	1萬	1000萬	1100萬	100萬

廣告B超過單次成本的上限

下架廣告B
會怎樣?

營收550萬日圓
利潤150萬日圓
利潤率27%

明細	數量	單次成本	廣告費	1年營收	1年利潤
廣告A	500	8000	400萬	550萬	150萬
~~廣告B~~	~~500~~	~~1萬2000~~	~~600萬~~	~~550萬~~	~~−50萬~~
總計	500	8000	400萬	550萬	150萬

營收減半，利潤增加1.5倍，利潤率增加3倍

廣告A的利潤：150萬日圓
廣告B營收：550萬日圓
廣告B的廣告費：600萬日圓
廣告B的利潤：負50萬日圓

透過個別分析，可以知道哪些廣告與利潤相關，哪些廣告與利潤無關。

那麼，放棄廣告B會怎樣呢？圖16最下面的表格就是答案。

廣告A、B的營收：1100萬日圓
廣告A、B的廣告費：1000萬日圓
廣告A、B的利潤：100萬日圓
僅廣告A的營收：550萬日圓
僅廣告A的廣告費：400萬日圓
僅廣告A的利潤：150萬日圓

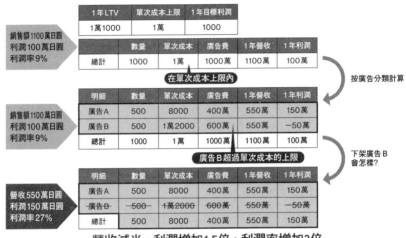

營業額減半，但1年的利潤增加1．5倍，利潤率增加了3倍。

很多公司將廣告成果作為總量來管理。

在現實中，很多情況下都是委託給廣告代理公司，「希望在單次成本上限1萬日圓以內最大限度地獲得新客戶」。

對於廣告代理商來說，廣告刊登費就是自己公司的營收，所以希望盡可能多投放廣告。所以，與其仔細檢查、停止虧損的廣告，還不如將虧損與有盈餘的廣告利潤相抵消，只要總體收支平衡，就不會給廣告主帶來麻煩。想要保持最高的廣告刊登費。

另一方面，廣告主希望盡量減少廣告刊登費來提高利潤。在這個意義上，**廣告代理商和廣告主原本就是商業模式上的利益衝突關係**。

如果公司內部資源不足，就不得不委託廣告代理商，但必須在理解利益衝突關係的基礎上進行委託。

56 點到為止的行銷策略

網路行銷並不是只要營收最大化，利潤就會隨之最大化。

提高廣告的單次成本，獲得的廣告數量就會增加，但並不是成正比增加，從某個階段開始，上升效率就會惡化，「收穫遞減法則」開始發揮作用，「利潤額」就會下降。

請注意這裡不是「利潤率」而是「利潤額」。

正確的做法是，在計算單次成本和獲得數量的同時，將開始惡化之前的單次成本作為最佳單次成本，對廣告投資淺嘗輒止。

這是利潤最大化的關鍵。

在此之上或之下都會損失利益。

舉個具體的例子：

假設有個1年LTV1萬日圓（假設毛利率100％）的商品，

- **單次成本3000日圓能獲得100個新客戶，每年有70萬日圓的利潤**
- **單次成本4000日圓能獲得150個新客戶，每年有90萬日圓的利潤**
- **單次成本5000日圓能獲得190個新客戶，每年有95萬日圓的利潤**
- **單次成本6000日圓能獲得230個新客戶，每年有92萬日圓的利潤**

這種情況下，單次成本5000日圓和6000日圓之間收穫遞減法則開始作用，「利潤額」開始惡化。

最佳的單次成本是新客戶獲取效率下降，「利潤額」即將惡化的數字。再多或再少，利潤都會減少。

本公司的情況，大致上相當於LTV的第3到4個月，所以單次成本上限是LTV的第4個月。廣告費不是根據預算而定的。

「以最佳單次成本獲得的上限數量×最佳單次成本」就是最佳廣告費。超過這個數字就是過度投資，低於這個數字就是機會損失。

再強調一次，在網路行銷中，營收最大化並不意味著利潤最大化。

企業的責任既不是「利潤率」，也不是「營收」，而是「利潤額」的最大化，在哪裡「淺嘗輒止」是行銷人員的本事。

57

必須查閱的廣告投資均衡指標

評估廣告成本效益的指標是「廣告投資報酬率（ROAS）」。

ROAS是由「廣告營收÷廣告費」算出的數字，主要是指廣告的成本比，用單一廣告來看愈高愈好。

如果單純停止投放ROAS低的廣告，ROAS就會上升，但這樣做的話，廣告投放量減少的同時，轉換次數（購買數和成交數）也會減少，會損失很多機會。於是會出現ROAS上升，但整體利潤額減少的現象。

原本ROAS中沒有最佳數值的概念。

例如，以回購為前提的續購，即使ROAS低於1，也會產生利潤。在1以上就沒問題，1以下就不是赤字這麼簡單了。

「最近ROAS掉下來了。」

「這個廣告的ROAS比其他的還差。」

綜上所述，ROAS是用於「比較」不同廣告及同一廣告前後的數值，而不是判斷廣告是否合適的指標。

因此，需要另外制定判斷「目前的廣告投資是否合理」的指標。

那就是「**廣告投資均衡指標**」。這就是用實際單次成本除以「（最優）單次成本上限」。

具體來說，是以月為單位做出判斷如下：

- **月平均單次成本實績÷單次成本上限＝1　正常狀態**
- **月平均單次成本實績÷單次成本上限＝1以下　虧損的狀態**
- **月平均單次成本實績÷單次成本上限＝1以上　機會損失的狀態**

利用這個數值，可以防止因「營收提高」而高興卻虧損的失誤，以及因「廣告投資報酬率改善」鬆了一口氣而造成機會損失的錯誤。

人們多半只看到對自己有利的數值，就認為「成效良好」。

但是，專業人士經常會捫心自問「這真的管用嗎？」，以此自行設計判斷的ＫＰＩ也很重要。

在變化迅速的網路業界，不能只靠現有的ＫＰＩ評估績效。

58 五階段利潤管理的重要性

為使行銷有利可圖，營收和成本的連動性不僅僅是「成本」和「促銷費」，還有「訂購雜支」、「作業基礎成本（ＡＢＣ，Active based costing）」到「經營操作費」的詳細管理很重要。

本公司經常將利潤按照商品分為五階段進行管理。關於這一點，我在拙著《億萬社長高獲利經營術》中有詳細介紹，在此再次說明。

- 毛利
- 淨毛利
- 銷售利潤
- ＡＢＣ利潤

・營業收入

透過對這5項分別進行管理，當利潤減少時，就能一眼看出哪個商品的哪個環節出了問題。

・營收－成本＝毛利

這和平常一樣。

・毛利－「訂購雜支」＝「淨毛利」

訂購雜支是指手續費、運費、附贈資料、贈品、包裝材料等與營收相關的成本。如果加上免運費活動和贈品的話，即使營收增加，「淨毛利」也一定會下降。

・淨毛利－廣告費＝「銷售利潤」

電視購物只要增加廣告費，營收就一定會提高，所以不能僅憑營收的增加判斷好壞。透過廣告增加營收的情況，「銷售利潤」一定會下降。營收增加而銷售利潤下降的狀態意味著「廣告效率下降」。

・銷售利潤－作業基礎成本＝ABC利潤

作業基礎成本是按商品分配的人事費。首先，全體員工將自己1個月的工作內容按照商品的百分比進行分配。將這個分配率乘以這個人的人事費，看每個商品「為了銷售這個商品花費多少人事費」。雖然營收高，但員工花費過多精力的商品，其ABC利潤就低。反之，雖然營收低，但員工幾乎不費力就能銷售的商品，其ABC利潤就高。不麻煩的商品在公司內不會成為話題，所以不會受到關注，但觀察每個商品的ABC利潤就能發現隱藏的優質商品。

・ABC利潤－「經營操作費」＝營業收入

經營操作費是從促銷費中去掉「訂購雜支」、「廣告費」、「作業基礎成本」。包括房租、水電費、管理部門人事費等，這些幾乎都是「固定費用」。然後除以每個商品的銷售市占率，作為各商品的成本。

因為每月的經營會議上能看到這五階段的利潤，所以「利潤下降時哪個商品的哪個階段有問題」一目了然。

另外，對於營收上升的商品，「這樣增長下去好嗎」、「這種增長方式危險嗎」也能一目了然。

第3章　技術行銷操作的本質

技術行銷操作是指根據顧客對已經推出的創意的反應，調整廣告的投放方法。廣告投放雖然有各種設定，例如：

- 點擊1次出價多少？
- 投放的目標族群為何？
- 在什麼時段播放？
- 規劃怎樣的活動，如何進行機器學習？
- 是一般的廣告播送，還是再行銷？

但是根據實際投放的廣告結果，可以調整為「以最低的廣告費獲得最多的客戶數量」。

一般情況下，用自己公司或自己的錢經營廣告的人會以小時為單位進行調整。因為一旦廣告費出現赤字，就必須立即停止。早上調整競標單價，每隔幾個小時就確認情況也很平常。

另一方面，用其他公司或別人的錢經營廣告的人，大多是以週為單位進行調整。這種微調頻率的差異就會直接導致成果的差異。

一般來說，後者絕對不會超過前者。

不管是運用自己的錢或別人的錢，只有經常設身處地當作自己的事、以小時為單位調整的人才有未來。

59 數位操作人員與網路行銷人員的差別

假設某個活動的單次成本很高，需要將其控制在單次成本上限內。因此，按照「不同時間段」確認單次成本的話，白天超過單次成本上限，晚上則在單次成本上限內。

這時，也許有人會想「白天停止發布，只在晚上發布，就能把整體的單次成本控制在上限內」，但只要模式固定，誰都能做到。這不是專業的網路行銷人員，而是數位操作人員的工作。

而且，這項工作遲早會被媒體的自動化演算法所整合。

追根究柢，這種方法會減少「總獲得件數」，最終走向收縮。

專業的網路行銷人員必須思考「為什麼白天和晚上的單次成本（單次獲客成本）不同」，再思考對策。

單次成本之所以不同，是因為單次點擊成本和轉換率（購買率）不同。

經過確認，白天和晚上相比，白天的轉換率較低。

同樣的廣告、同樣的登陸頁，為什麼晝夜轉換率會有差異呢？

某個假設是，白天看手機大多是在乘坐電車、工作、做家務等，「邊做邊看」和「用零碎時間看」的比例較高。

例如，在乘坐電車時看手機的人，雖然點擊廣告閱讀了網頁，但到站下車就會關閉手機畫面，在網頁上停留時間比較短。

在這種情況下，至少可以預測這人是出於興趣才點擊的，但並沒有集中注意力「做出購買判斷」。

想到這裡，再考慮下一步該如何應對。

如果是這種情況，白天換成短登陸頁也是方法之一。

為了讓顧客在晚上再次做出購買判斷，還可以強調吸引顧客加入書籤的語句。

另一種方法是，白天向有過訪問經歷的人發送廣告，專門蒐集回頭客的標記，以單次點擊成本低的頁面廣泛發送廣告，晚上再進行回頭客收割。

透過這樣的思考，結果不採取「白天停止發布」、「只留下有利潤的方案」的方法，而是「核算白天利潤」並「在單次成本上限內擴大數量」，這才是專業網路行銷人員的工作。

簡單來說，從資料中觀察趨勢並直接調整發送設定的是數位操作人員。

網路行銷人員要從資料中觀察趨勢，建立人類行為的假設，並採取措施。

要想運用技術，掌握資料的讀解能力是必須的。

60 掌握數據資料閱讀力

從「資料」中發現「人類的行為模式」，理解這種模式的背景，並與促銷聯繫起來，這才是真正的行銷。

這是普遍的行銷本質，無論是實體行銷還是網路行銷都一樣。

讓我們來看看能夠明白這一點的實例吧。

60-1 啤酒、尿布與領帶

舉個有名的例子，美國某購物中心分析了顧客的購買資料，發現「購買罐裝啤酒的人當中，很多會一起購買尿布」。

如果單純解釋成，對買了罐裝啤酒的人用社群推薦功能建議對方「一起買尿布怎麼樣？」是錯誤的。當然，購買罐裝啤酒的人，幾乎不會同時購買尿布，大概只會覺得奇怪「為什麼要推薦尿布給我？」。

在這裡，我們必須理解「為什麼買罐裝啤酒的人，很多會一起買尿布」的背景。

雖然很難認為尿布和罐裝啤酒有直接關聯，但如果不了解這兩者的關聯性，就不知道怎麼做才能擴大營收。

因為怎麼也搞不清楚，有個行銷人員決定在這家店的收銀台蹲點1週。

於是她發現，「很多妻子是趁週末和丈夫一起開車去買平時拿不動的重物」。

其中最具代表性的就是尿布和罐裝啤酒的組合。

得知這情況後，該購物中心設置了「週末統一購物區」，把重物集中陳列，不僅有尿布和罐裝啤酒，還有礦泉水、奶粉、衛生紙、洗滌劑、狗糧、貓砂等家庭用品。由此引發搶購，提高了週末的營收。

還有另個故事，某家連鎖百貨公司的領帶銷量一直很差。就算反覆調整商品種類、採購最新流行的領帶，嘗試各種改善，但總是賣不出去。

但另一方面，調查了同一家連鎖店的其他分店，發現雖然陳列了同樣的商品，但銷量卻很好。

雖然負責的行銷人員想著「這個地區多數人不打領帶嗎？」，但從同一地區的競爭店家或街上行人的領帶佩戴比例來看，似乎並非如此。

因為不知道為何都賣不出去，所以負責銷售的銷售員一整天都在賣場觀察情況。

結果發現，原因在於領帶賣場的顧客動線。領帶區與襪子區隔著一條通道，由於襪子區很受歡迎，通道被買襪子的人占據，導致想買領帶的人很難買到。

結果，挪動貨架、增加通道寬度後，領帶的銷量急劇上升。

原因與「商品種類」無關。

當顧客出現某種傾向時，透過調查顧客為什麼會採取這樣行動的「原因」，可以大幅提高營收。

調查的方法不是顧客的行為或顧客定量問卷調查的「資料」，而是「直接」觀察顧客的行為，「直接」詢問顧客，這才是最有效的方法。

電腦螢幕上的數字和資料只不過是個「契機」，光看這些是無法掌握讀解能力的。只有將「數字」與「人的生活」、「人的心理」結合起來，才能理解資料的含義。

60-2　夢幻的城市SUV

在1980年代後期，過往以「轎車」為中心的家用車市場掀起「SUV」熱潮。各大公司都推出SUV新車，以喜歡戶外活動的年輕人為中心，從轎車換成SUV的人層出不窮。

某國產汽車公司為了趕上這股熱潮，也開始自家公司的SUV商品企劃，首先就對現在的SUV消費者進行定量調查。

於是出現了有趣的資料。

對於自己所擁有的SUV「在哪裡行駛」的項目，九成以上的人回答「在街道行駛」。

SUV原本是針對越野的四輪驅動車，是為了能在越野道路上行駛而開發的。

但是，調查問卷顯示，九成以上的人都在街上行駛，幾乎沒有使用越野功能。

於是，那家汽車製造商就提出要開發「城市SUV」，而在進行商品企劃的同時，也進行了對SUV使用者進行訪談的「定性調查」，並發現了意外的事實。

「實際行駛的時間九成都在街上，只有週末能短暫盡情享受越野的樂趣，所以買了SUV。」

「因為沒有時間，很少有機會開越野車，但為了體驗『越野的感覺』所以開SUV。」

像這樣的意見很多。也就是說，若SUV改為「城市規格」，就會得到「不開」的衝擊性回答。

那家公司根據定性調查的結果，緊急轉換為越野SUV的商品企劃。

由此可見，用數值表示的資料終究只是資料。

要想從中推導出某個解答，不能單純依靠資料進行判斷。

為什麼會出現這樣的資料呢？如果不是在理解「人類心情」的基礎上推導出答案，就會自以為是地得出錯誤的答案。

61 把握利益衝突，再著手操作技術行銷

接下來是比較基礎的話題，但這是在運用技術時必須掌握的重要內容。「這我已經理解」的人可以跳過，但我的真實感受是，很多人自認為已經掌握了。

首先，在網路廣告中，必須充分掌握廣告主、媒體、使用者這3個視角。**「如果不了解對方的立場，就無法在生意上獲利。」**

看到這裡的讀者們，我想再次強調的是，沒有任何媒體會因為我們想要投放廣告而無條件地讓我們投放廣告，也沒有任何使用者會因為我們想要販售商品而無條件地購買。

另外，這也是非常基礎的一點，在網路廣告中「什麼時候會產生廣告費」，也就是關於收費形式的約定也需要徹底掌握。

如果廣告主在某個網站上投放廣告，你可能會這麼想：

- 什麼時候需要廣告費？
- 在網站上顯示廣告的瞬間？
- 還是廣告被點擊的時候？
- 莫非是購買商品的時候？

但實際上，所有的模式都是存在的。每種模式都有優點和缺點，而且優點和缺點對於廣告主和媒體是相反的。

理解這個結構，與前文所述的「理解對方的立場」息息相關。

而且，這與「在理解對方立場的基礎上，思考能給自己帶來最大利益的方法」也有關係。

61-1 網路廣告的簡易利益衝突架構

先說明基礎的部分：網路廣告的資金流動和利益衝突（圖17）。網路廣告的運作流程是：

①廣告主購買媒體的廣告刊登時段，投放廣告
②媒體在廣告刊登欄位顯示已刊登的廣告
③使用者瀏覽廣告，有時會點擊廣告，購買商品

另外，在刊登網路廣告時，有以下3種競標方式。

①對廣告顯示支付廣告費的競標方式
②對廣告點擊支付廣告費的競標方式

圖 17　網路廣告中參與者的利害關係

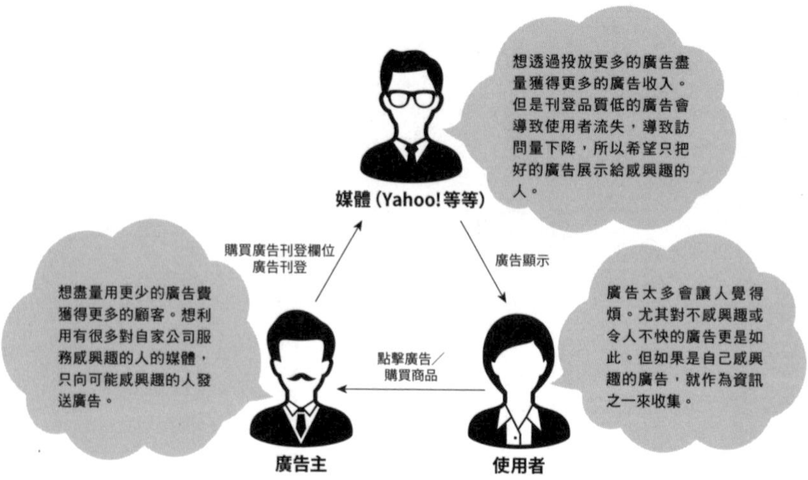

③對CV（購買或成交）支付廣告費的競標方式

從廣告主的立場來看，即使投放廣告，也不知道使用者是否確實看到。另外，即使被點擊，如果沒有購買，也不會產生利潤。因此，廣告費在有成果的時候才支付的形式最為理想。3種競價方式中，最理想的是③，然後依次是②、①。

另一方面，從媒體的立場來看，與廣告主正好相反。最理想的是①，然後是②、③。即使投放廣告，商品也不一定能賣出去，如果只在商品賣出去的時候才能拿到廣告費，收入就會變得不穩定。因此，對廣告顯示支付廣告費的方式最為理想。

61-2　媒體的立場：為增加廣告收入而考量

那麼，媒體增加廣告收入有哪些手段呢？大致分為以下2種：

①增加廣告顯示次數
②提高每次顯示的廣告費

如果單純提高廣告費用，廣告主就會流失，因此媒體要分析使用者的興趣和關心度，優先向「可能對該廣告感興趣的使用者」展示廣告。然後依序先提高每則廣告對廣告主的利潤貢獻度，再提高每則廣告的廣告費。

另外，透過增加廣告主，以拍賣的形式銷售廣告時段，自然地提高廣告費的價格。

61-3　廣告主的立場：為提高利潤而考量

廣告主藉由廣告增加利潤的手段大致有2種：

①增加廣告以增加客戶數量
②提高每筆廣告費的獲取效率

為了增加廣告帶來的利益，廣告主會盡量在各種媒體上投放更多的廣告。

另一方面，廣告的性價比當然很重要，因此要考慮自家公司的商品與該媒體的使用者的匹配度，鎖定投放廣告的使用者。

62 廣告欄位競標技巧

雖然媒體有用於刊登廣告的刊登欄位，但數量當然有限，因此當多個廣告主都想要刊登欄位時，就會舉行拍賣。

在拍賣會上，媒體考慮的是「刊登哪個廣告主的廣告，自己獲得的利益最大」。而最有利的廣告主將獲得刊登廣告的權利。

媒體在決定「刊登哪個廣告主的廣告，自己獲得的利益最大」時，前面提過的這3種競標方式非常重要。

①對廣告顯示支付廣告費的競標方式
②對廣告點擊支付廣告費的競標方式
③對CV（購買或成交）支付廣告費的競標方式

①只要單純選擇「出價最高的廣告主」。

②要選擇「投標金額×點擊率值最大的廣告主」。例如，廣告主A準備了1次點擊100日圓的出價。然後，假設廣告的點擊率是1%。另一方面，廣告主B準備了1次點擊50日圓的出

價。然後，假設廣告的點擊率是3%。

如果媒體給每個廣告主100次的廣告刊登量，會怎樣呢？

- **廣告主A：廣告顯示100次×1%（點擊率）＝1次點擊↓1次點擊100日圓，所以廣告費為100日圓**
- **廣告費B：廣告顯示100次×3%（點擊率）＝3次點擊↓1次點擊50日圓，所以廣告費是150日圓**

像這樣，將刊登欄位給廣告主B，廣告收入就會增加。

媒體將「每次廣告顯示的收入最高的廣告」視為獲利最高的廣告，因此在支付廣告費的條件是「點擊」的情況下，會選擇「投標金額×點擊率值最大的廣告主」。

③的思考方式與②相同，選擇「出價金額（購買1次所支付的金額）×顯示次數的購買率（點擊率×點擊後的購買率）」最高的廣告主。因為支付廣告費的條件是「購買商品」，所以兩者相乘後數字最大的廣告被認為是獲利最高的廣告。

順帶一提，無論是①、②、③哪種競標方式，在投標競爭力相近時，都會選擇「對使用者更有益的廣告」。例如，來自使用者的負面評論較多的廣告等將比其他廣告更難被顯示。

63 在投放廣告時必做的4種努力

①投放（顯示）廣告
②點擊廣告
③使人因廣告購買

廣告主必須要做到這三點，當然首先要做的是①投放（顯示）廣告。為了實現這一目標，就必須在前面介紹的「廣告欄位競標」中獲勝，為此需要做以下4種努力。

①提高投標金額
②提高廣告的點擊率
③提高點擊廣告的使用者的購買率
④製作不會讓使用者討厭的「好感」廣告或銷售頁面

關於①～④，也許有人會想「這些努力有差別嗎？」，以下將依序針對3種「廣告欄位競標」進行解說。

63-1 ①在對廣告顯示支付廣告費的競標方式上努力

競價方式①在「對廣告顯示支付廣告費的競標方式」的情況，只以「投標金額」來決定競價的優劣。只是這樣說明的話，提高廣告點擊率和購買率的努力就沒有意義了。

然而，實際的廣告投放並非如此。因為「要想提高廣告的投標金額，就必須提高每顯示1次（或點擊1次）的商品購買率」。

例如，假設有種商品A的單次成本可以達8000日圓。

如果廣告的點擊率是10％，點擊廣告後購買商品的比例也是10％，那麼與顯示廣告的次數相比，購買商品者的比例如下所示。

廣告點擊率10％×點擊後購買商品的比例10％＝顯示次數的購買比例1％

因此，顯示100次廣告後購買商品的人只有1人，也就是說，顯示100次廣告時，支付8000日圓的廣告費，就能以8000日圓的單次成本賣出1件商品（**圖18上**）。

那麼，如果把廣告的點擊率提高到20％會怎樣呢？

點擊廣告的人當中，若購買商品A的人的比例不變，與顯示廣告的次數相比，購買商品的人的比例是2倍。

也就是說，花費8000日圓顯示100次廣告，就能賣出2個商品，而不是1個（圖18下）。

也就是說，賣出1個商品的單次成本只需4000日圓。

如果單次成本可以達8000日圓，那麼每100次顯示就能賣出2個，所以支付1萬6000日圓也很划算。因此，其他公司出價8000日圓顯示100次，而本公司出價1萬6000日圓，就能優先顯示。

由此可見，即使是對廣告顯示支付廣告費的競標方式，為了提高競價金額，也需要提高廣告的點擊率和購買率。

另外，對廣告顯示支付廣告費的競標方式，無論是「顯示100次廣告、廣告也被點擊100次，並有100人購買」，或者是「顯示100次廣告、廣告1次也沒有被點擊，1個人也沒買」，兩者要支付的金額相同。那麼，吸引更多的人點擊的廣告更好。

但如果吸引了點擊，卻沒有購買，那就沒意義了。「送給100個人100萬日圓！」以這樣的廣告標語吸引使用者點擊，卻跳轉到使用者不感興趣的商品頁面，自然不會購買。

63-2 在對廣告點擊支付廣告費的競標方式上努力

接下來，考慮對廣告點擊支付廣告費的競標方式的情況。在採用這種競價方式時，如前述

圖 18　對廣告顯示支付廣告費的競標方式之思考方式

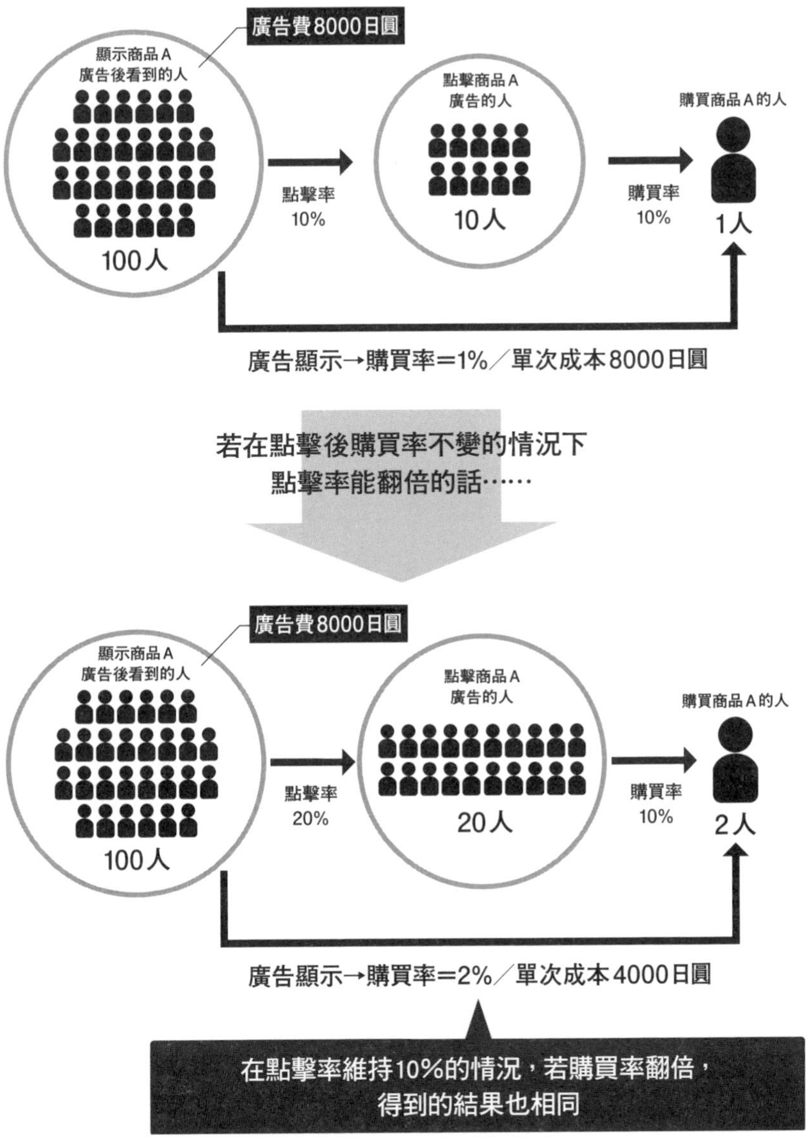

「投標金額×點擊率」值愈大的廣告就會在競標中獲勝，之後便可安排投放。為此，必須做以下2種努力。

- **提高投標金額**
- **提高廣告的點擊率**

為了提高投標金額，按照剛才的思路，努力「提高點擊廣告的使用者的購買率」是非常重要的。

和前面一樣，用單次成本可達8000日圓的商品A說明。

當廣告的點擊率為10%，點擊廣告後購買商品的比例也為10%時，顯示廣告次數與購買商品的人數的比例與之前的情況相同。

廣告點擊率10%×點擊後購買商品的比例10%＝廣告顯示次數與購買商品的人的比例1%

賣出1個商品A可使用的廣告費是8000日圓，所以每點擊10次的投標金額上限是8000日圓（每次點擊800日圓），不能再提高（前面是決定廣告顯示上限的投標金額，但這次是相對於點擊數提高）。

在競價方式①「對廣告顯示支付廣告費的競標方式」的情況下，可以選擇提高廣告點擊率，或提高點擊後的購買率。但這次「廣告點擊」需要花錢，所以即使提高「廣告點擊率」，出價也不會提高。

實際確認一下。再回頭看圖18下方的圖。此時，銷售2個商品A時產生了20次點擊，也就是說銷售1個商品A產生了10次點擊。投標金額的上限不變，仍然是每點擊10次８０００日圓，即每點擊1次８００日圓。

另一方面，考慮點擊廣告後提高購買率的情況。

如果點擊廣告後的購買率是原來的2倍，那麼10次點擊就能賣出2個商品A。也就是說，賣出1個商品A需要5次點擊。

因為賣出1個商品A能使用的廣告費是８０００日圓，所以每點擊5次的投標金額上限是８０００日圓（１次點擊１６００日圓），投標金額變成2倍。

也就是說，在針對廣告點擊支付廣告費的競價方式中，關鍵在於**能否增加導致購買的點擊比例**（圖19）。

或許有人注意到了「對廣告點擊支付廣告費的競價方式」所帶來的困境。

在對廣告的點擊支付廣告費的競標方式的情況，從廣告主的立場來看，要同時滿足「為了在競標中獲勝，想提高廣告的點擊率」和「由於想提高點擊廣告的人的購買率，故只讓真正想買的人點擊廣告」這兩者相當困難。

也就是說，根據競標方式，理想的形式也會有所不同。

圖 19　針對廣告點擊支付廣告費的競價方式之思考方式

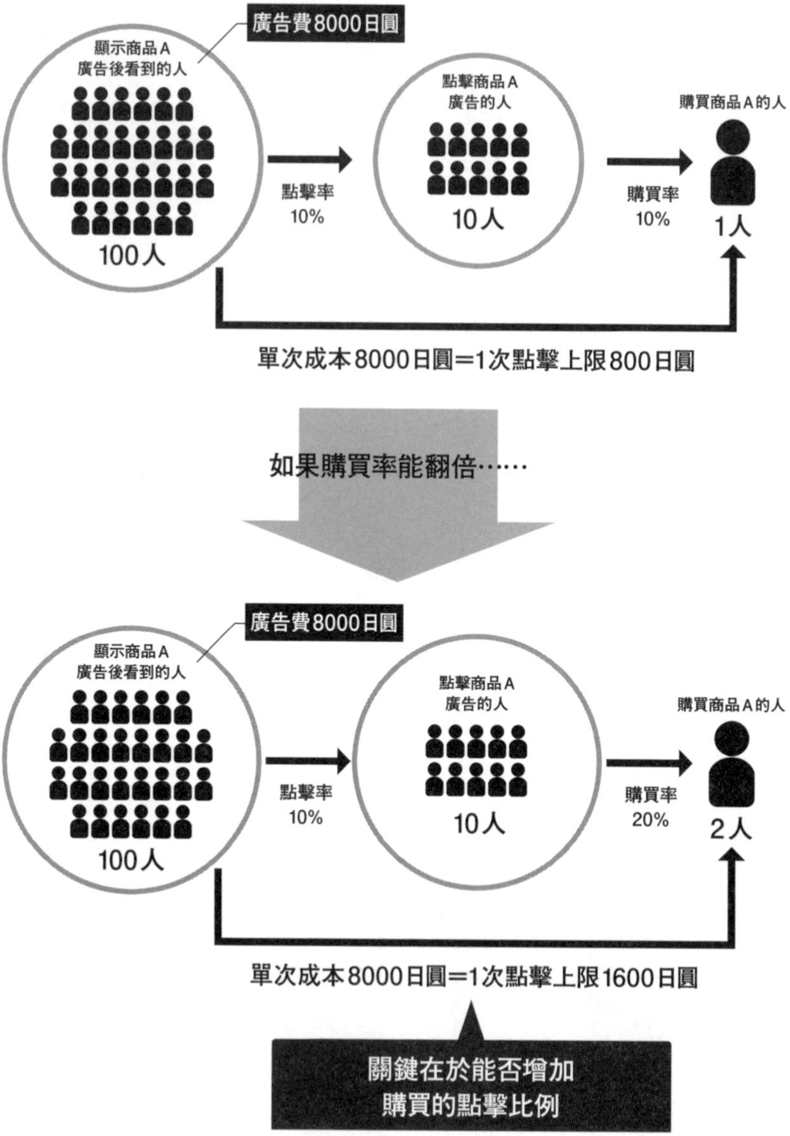

63-3 在對CV（購買或成交）支付廣告費的競標方式上努力

在採用這種投標方式的情況下，即使想提高投標金額，但若超過每個商品的損益平衡點（單次成本上限）也無法執行（雖然可以努力提高損益平衡點，但這非本書主題故省略）。因此，需要提高每個顯示次數的購買率（廣告點擊率×點擊後購買率）。這時的想法與「對廣告顯示支付廣告費的競標方式」相同。

總之，與顯示次數相比，購買的人增加就可以了，所以要努力讓更多人點擊，讓更多人購買。從媒體的角度，這意味在同樣的顯示次數下，會選擇願意支付更多廣告費的廣告主。

64 做廣告該注意的四大重點

——如何設計有效的橋接登陸頁

在廣告投放中，創意團隊的作用大致分為2種。

- **製作點擊率和點擊後購買率高的廣告**
- **製作點擊廣告訪問的人購買率高的頁面**

為了達成這兩點，需要注意以下四點。

①對目標了解多少

②廣告與跳轉的網頁是否匹配

③廣告、頁面的品質

④投放廣告的人、媒體與廣告、頁面是否匹配

為了有效地獲得更多的顧客，製作各種切入點的廣告，讓更多的人做出反應（點擊），讓有反應的人購買的技巧非常重要。之所以需要準備各種切入點，是因為即使是同樣的煩惱，每個人的程度不同，看待煩惱的方式和面對煩惱的方式也不同。

此外，由於每個人對商品「感覺不錯，想試用看看」的看法不同，所以需要準備「暢銷·新成分·打折·方便·口碑」等多種表達方式。

但是，在製作各種切入點的廣告時，問題在於**「廣告和銷售登陸頁的整合性」**。

例如，廣告中主打「口碑」，但如果銷售頁面上沒有口碑就太可惜了。雖然覺得把所有資訊都塞進銷售頁面比較好，但資訊塞得太多，會讓人覺得「不必要的資訊太多，閱讀很麻煩」，最終還是會降低購買率。雖說如此，製作無數種銷售頁面也是不現實的，而且也有銷售頁面難以表現的內容（第三者的觀點，也就是所謂的「技巧」部分）。

圖 20　橋接登陸頁的功用

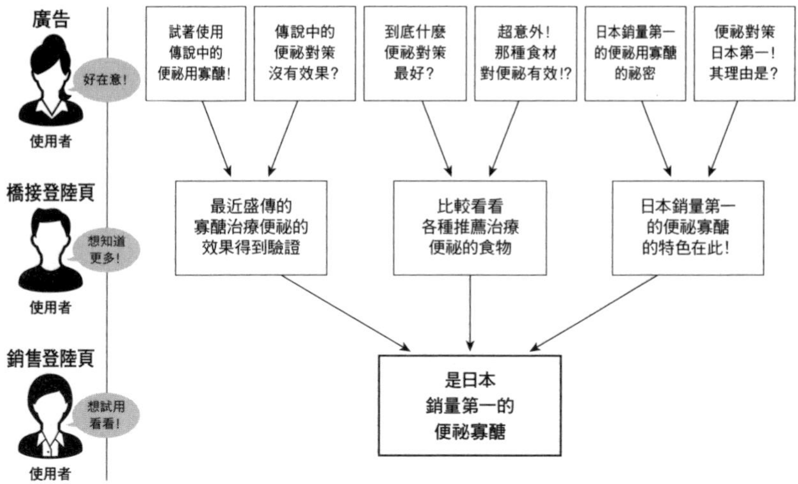

為了解決這些問題，夾在廣告和銷售頁面之間的橋接登陸頁（BLP）發揮了重要作用（**圖20**）。

使用橋接登陸頁的話，即使不改變銷售頁面的內容，也能增加廣告的切入點（其實應該製作更多的銷售頁面，但現實的問題是很費工）。在橋接登陸頁的內容下工夫，就可以添加在銷售頁面上難以表現的協力廠商視角，也容易從內容感強的廣告連接到銷售頁面。

另外，如前所述，在串接橋接登陸頁的時候，確實達到「情緒接力」是很重要的。

65

設定合理的投標金額

——技術行銷操作必備的3個訣竅

接下來解說廣告投放的運用要點。

運用的要點主要有2個：

- **根據廣告購買率改為適當的投標金額**
- **理解媒體的廣告投放邏輯，提高廣告獲取效率**

而為了做到這兩點，要了解的知識包含以下3個：

①理解各數值的基本含義，掌握邏輯

②嘗試媒體的發布功能，分析結果

③理解媒體的立場，以及程式和機器學習的機制

為了在廣告投放中不產生赤字，有必要調整投標金額。

競價金額可以倒推廣告購買率來考慮（這裡以針對廣告點擊支付廣告費的競價方式為

例）。

為了便於理解，這裡也以賣1個需要花費8000日圓廣告費的商品A為例說明。假設1次點擊的出價為100日圓，點擊廣告後的購買率為1%（即100次點擊才能賣出1件商品）。

這樣一來，銷售1個商品所需的廣告費為1萬日圓，出現赤字（**圖21上**）。

因此，變更1次點擊需要支付的投標金額。投標金額的計算方式是：

・每個商品所需的廣告費×點擊廣告後的購買率

這次是8000日圓×1%＝80日圓，所以把投標金額改為80日圓。這樣一來，每筆訂單的廣告費就能控制在8000日圓（**圖21下**）。

除此之外，還要嘗試媒體的發布功能，分析其結果，思考媒體的傳播邏輯。

例如，像前面提到的「使用者的負面反應多的廣告在投標競爭中不利」就是其中一例。

同樣，在針對廣告點擊支付廣告費的競價方式中，當「投標金額×廣告點擊率」的值相等時，「廣告點擊率」高的廣告在競價中較有優勢。

這也是基於「如果廣告收入相等，就想投放更多使用者感興趣的廣告」的媒體思維方式。

圖21　適當的競價金額的思考方法（依點擊數計算廣告費的情況）

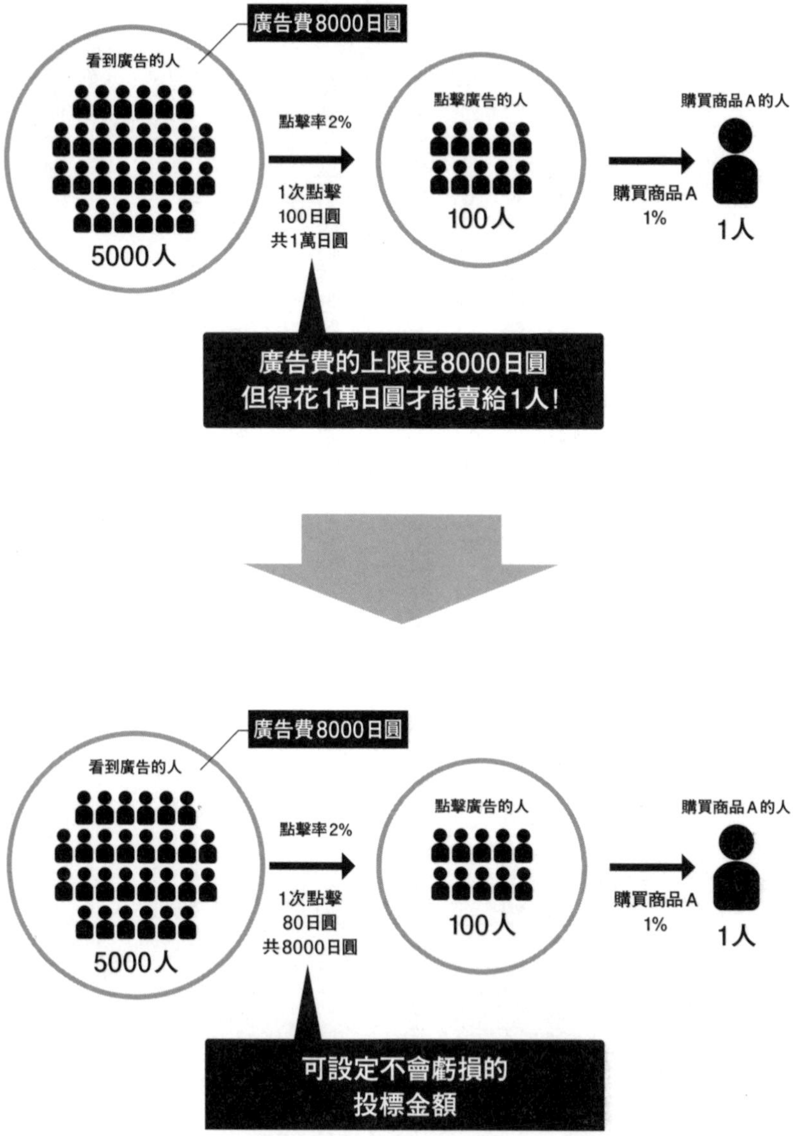

66 為何必須活用市場區隔功能？

投放廣告時，目標並不是要所有使用者都能夠看到廣告，而是應該盡量聚焦在「可能購買本公司商品的人」。

「只鎖定特定使用者為投放對象」（或被鎖定的投放對象）被稱為市場區隔，市場區隔的活用對廣告主、媒體、使用者等所有人來說都有利。

根據市場區隔提高廣告投放效率的結構如**圖22**所示。最終的理想是圖的最右邊，向確實購買的人展示廣告→點擊率１００％→購買率１００％。

透過市場區隔，可以減少投放對象中不感興趣的人和不購買的人，從而提高廣告的點擊率和點擊後的購買率，提高獲取效率。

所謂市場區隔作業，就是理解使用者並思考如何鎖定的工作。如果有加入市場區隔，當然對於媒體、廣告主、使用者都有利。具體來說，假設商品Ａ的廣告費為８０００日圓，就會出現圖22下方的情況。

由於市場區隔很難想像，所以在此列出實際的例子。

圖22　市場區隔的基本思路

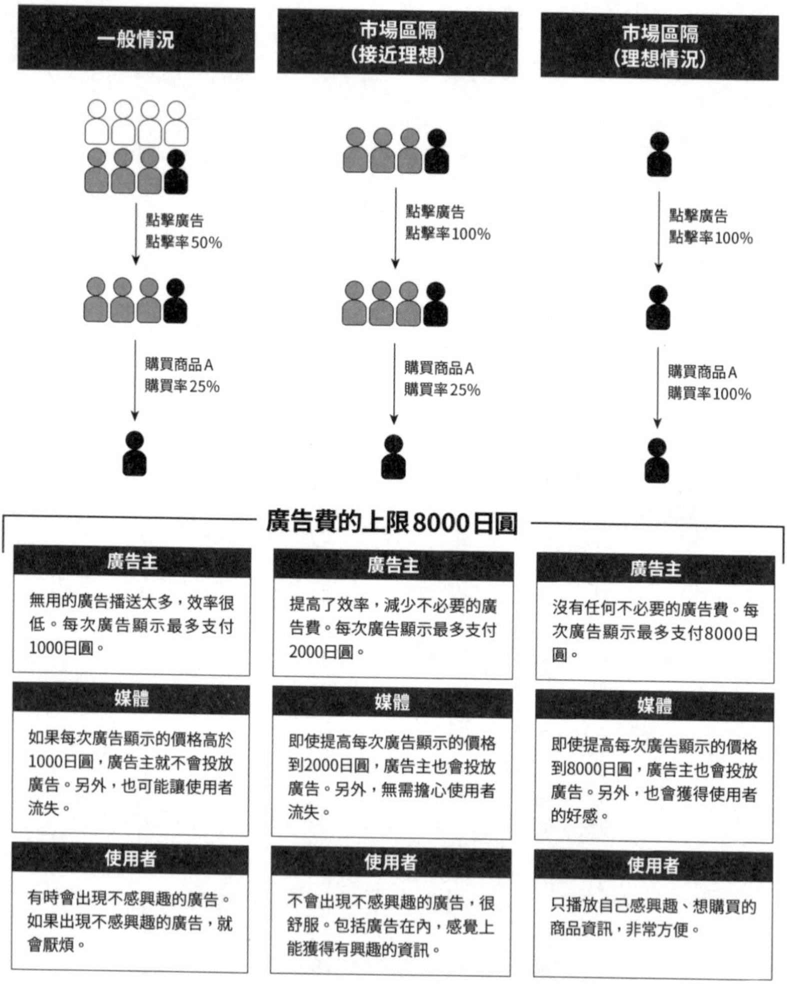
一般情況
市場區隔
(接近理想)
市場區隔
(理想情況)
點擊廣告
點擊率50%
點擊廣告
點擊率100%
點擊廣告
點擊率100%
購買商品A
購買率25%
購買商品A
購買率25%
購買商品A
購買率100%
廣告費的上限8000日圓
廣告主
無用的廣告播送太多，效率很低。每次廣告顯示最多支付1000日圓。
廣告主
提高了效率，減少不必要的廣告費。每次廣告顯示最多支付2000日圓。
廣告主
沒有任何不必要的廣告費。每次廣告顯示最多支付8000日圓。
媒體
如果每次廣告顯示的價格高於1000日圓，廣告主就不會投放廣告。另外，也可能讓使用者流失。
媒體
即使提高每次廣告顯示的價格到2000日圓，廣告主也會投放廣告。另外，無需擔心使用者流失。
媒體
即使提高每次廣告顯示的價格到8000日圓，廣告主也會投放廣告。另外，也會獲得使用者的好感。
使用者
有時會出現不感興趣的廣告。如果出現不感興趣的廣告，就會厭煩。
使用者
不會出現不感興趣的廣告，很舒服。包括廣告在內，感覺上能獲得有興趣的資訊。
使用者
只播放自己感興趣、想購買的商品資訊，非常方便。

最終，以廣告主來說會是完全沒有浪費費用的廣告，
以媒體來說會是收益高的持續性廣告，
對使用者而言則能接收非常有益的資訊。

市場區隔的規劃方式

【商品】

手背專用去皮膠（本公司商品）

【目標】

手背上有斑點，並且在意手背上有斑點的人

【理想的市場區隔】

會在網路上發布或搜尋「很在意手背上的斑點」之類主旨的文章，或者會瀏覽關於淡斑策略網站的人。

↓但是，在網路上進行這種行為的人非常少，以這個市場區隔1天只能獲得1件左右的訂單。這樣的市場區隔對於提高營收是不夠的。

【實際的市場區隔】

40歲以上經常去美甲沙龍的人

【瞄準客群】

在美甲沙龍，美甲師會長時間看到手背。另外，40歲以上經常去美甲沙龍的人，對指尖的審美意識也比較高。因此，在給美甲師看手背的時候，會因為自己手背上有斑點而感到不好意思，或者會想「如果手背也變漂亮的話，美甲就更好看了」。另外，美甲沙龍相關的文章、搜尋、網站本身也非常多，以這種市場區隔預計1天能獲得10件左右的訂單。

67 札幌版《HOT PEPPER》打造高品質廣告媒體的手法

在投放廣告時，主要從金額方面說明了媒體立場，另一方面，媒體為了保護使用者，也有一套「廣告刊登審查標準」。

並不是付錢就能刊登，而是有部門以「這個廣告對使用者是否有益」為標準進行審查。對於美容健康類廣告的發布者來說，在與廣告媒體打交道的過程中，最頭疼的可能就是這個審查部門。因為美容健康類廣告的表現形式受到日本《藥機法》、《景品表示法》等法律的嚴格限制，審查部門對美容健康類廣告的審查要比其他廣告更加嚴格。但要先理解的是，正因為有審查部門，廣告媒體才得以成立。

理解媒體審查部重要性最好的例子是免費優惠券刊物《HOT PEPPER》。雖然現在幾乎都被網路取代，發行量很少，但《HOT PEPPER》曾引起轟動，甚至改變了免費刊物行業，這是不爭的事實。

免費刊物不從讀者那裡收取一分錢，而是從投放廣告的廣告主那裡收取費用（與網路媒體的商業模式相同）。從商業的觀點來看，客戶不是使用者，而是廣告主，所以無論如何都很容易把目標轉向廣告主。

在免費刊物上刊登廣告效果最好的是美容行業，因此銷售免費刊物廣告時段的銷售員一般都會去美容院跑業務。事實上，免費刊物上不久後就全是美容廣告，變成了「每期美容特輯」。

但這樣一來，即使是免費的，讀者也不會買帳。

接著，包括美容院在內的各種廣告的反應就會變差，廣告主也會離開。

結果，那份免費刊物因廣告收入不高而停刊。

實際上，免費刊物業務就這樣不斷地重複著創刊又停刊的迴圈。

免費刊物的領頭羊《HOT PEPPER》最初也落入了這種陷阱。

當時，《HOT PEPPER》作為日本各政令指定城市創刊的地區資訊免費刊物，不斷擴張，但漸漸充滿了美容廣告。接著讀者流失，甚至瀕臨停刊。

但是，在這之中唯一蒸蒸日上的是「札幌版」的《HOT PEPPER》。

札幌版的主編獨自制定了「為了維持刊物品質，美容廣告的比例不能超過全部廣告的

50%」的規則。

銷售員雖然為了拉廣告會到處跑業務，但他們接的都是沒有任何限制、容易拿到的美容行業的廣告。

「札幌版」的《HOT PEPPER》有自己的規定，如果美容廣告的比例超過五成，則會拒絕接受訂單，或接更多其他行業的廣告，提高其他行業的廣告比例。

聽說實際上拒絕刊登美容廣告的情況很多，而考量眼前的利益時，拒絕顧客訂單帶來了負面影響，且拚命銷售才拿到訂單的銷售員也爆發了不滿。

不過，該主編堅持：「免費刊物如果只關注廣告主，讀者就會流失；而讀者流失，廣告商也會離開。如果關注讀者，免費刊物一定會成為廣告效果好的媒體；只要成為廣告效果好的媒體，廣告商就一定會追隨。」

結果，全國的《HOT PEPPER》紛紛在「模仿札幌版！」的號令下，將美容廣告的比例降到五成以下，增加了餐飲店的廣告。不知不覺間成了熱門免費刊物，成為免費刊物中最受歡迎的媒體。

由此可見，長久不衰的媒體一定是「使用者＞廣告主」。

初創時期的風險媒體，一開始會為了眼前的營收而使「使用者＜廣告主」，但如果不從某個階段開始轉換，使用者就會逐漸流失。

一味刊登違反日本《藥機法》、《景品表示法》的廣告的廣告媒體，使用者會逐漸流失，最終失去媒體價值。

因此，網路廣告媒體設立了廣告審查部門，對有可能導致使用者流失的廣告進行審查，拚命維護媒體的品質。

雖然與紙本、電波等傳統媒體相比，網路媒體的歷史較短，而且機器判斷的自動化精準度不夠，審查判斷力也很低，但他們仍拚命守護著媒體。

使用者流失的媒體會倒閉。

如果媒體倒閉，廣告主也會因無法促銷而困擾。

因此，雖然偶爾被不講理的審查駁回時，我也會無法接受，但他們也只是拚命工作，所以要抱著和他們合作，一起打造優秀媒體的心情。

作為廣告主，我們希望以「提高媒體價值的廣告」為目標。

68 技術行銷操作分析的絕對公式

技術行銷的運用方法有很多，而且還要應對系統的規格變更，所以最重要的是記住基本的基礎。

特別是這3點，希望大家能牢記在心。

①【單次成本的增減原因】

「單次點擊成本」或「轉換率（購買率）」的增減

※單次點擊成本的增減→投標金額在針對廣告顯示支付廣告費的競價方式則是ＣＴＲ（點擊率）的增減

②【ＲＯＡＳ的增減原因】

「單次成本」或「客單價」的增減

※單次成本的增減→「單次點擊成本」或「轉換率」的增減（與上述相同）

③【獲得數量的增減原因】

「點擊次數」或「轉換率」的增減

※點擊次數的增減→「顯示次數」或「ＣＴＲ（點擊率）」的增減

※轉換率的增減→「橋接登陸頁的轉移率（含購物車等登陸頁的轉移率）」或「銷售登陸頁的轉換率（在含購物車等登陸頁的購買率）」的增減

當出現問題時，只要配合這裡的絕對公式，判斷應該如何改變哪個數值就好了。雖然這點誰都心知肚明，但實際上，當獲得數量減少時就有人會反射性地提高投標額。

重點在於記牢公式，並在工作時保持冷靜。

68-1　為何單次成本有增有減？

①的單次成本的增減原因是「單次點擊成本」或「轉換率」的增減。

這裡作為單次點擊成本上升的理由，考慮原本設定過高的可能性。

在Google等投放廣告的時候，很多網路行銷人員會將競價單價委託給Google，但最好還是審慎使用這樣的設定。

無論是按點擊或按CV（購買或成交）設定投標單價，都應該盡量自行設定。

另外，作為轉換率變低的原因，具代表性的是再三登場的「情緒接力的故障」。這就是廣告的關鍵字和框架與自家的廣告詞、登陸頁內容、登陸頁銷售的商品內容支離破碎的狀態。

通常像是：廣告出現在與購買商品幾乎無關的關鍵字或欄位上、廣告詞與購買商品根本沒關係、登陸頁內容偏離商品介紹、販售的商品無法呼應顧客的期待等。這就是花費過多廣告費的大部分原因。

出現這種情況的主因是，將「提高廣告點擊率和點擊次數」、「提高諮詢率和諮詢次數」、「提高購買率和購買次數」等目標設定優化，但卻沒達成最重要的目標——「保留銷售利潤」。

如前所述，廣告、橋接登陸頁、銷售登陸頁等的製作分工也可能是原因。

68-2 為何ROAS有增有減？

②的ROAS增減原因是「單次成本」或「客單價」的增減。
首先，單次成本的增減如前面68-1所述。
客單價的增減，是在為了提高轉換率而提高折扣率時發生的。
降低價格可能會提高轉換率，獲得數量也會增加。
但另一方面，ROAS下降也有可能導致利潤惡化，因此要注意不要輕易降價。

68-3 為何獲得數量有增有減？

③獲得數量增減的主要原因是「點擊次數」或「轉換率」的增減。
關於這些，必須從內部原因和外部原因兩方面進行分析。

第一，關於內部原因。
首先，關於點擊次數的增減，必須在確保利潤的前提下，考慮是否選擇有收益機會的關鍵字。
例如，以商品為出發點的關鍵字已經全部囊括，但以顧客為出發點的關鍵字是否有漏網之魚呢？我們必須參考第1部第2章〈先期調查〉中詳細介紹的關鍵字選擇方法，重新檢討是否出現機會損失。

此外，還應該重新驗證廣告本身是否能夠滿足不同需求的顧客。製作適合不同使用者類型的廣告內容，不遺漏任何潛在客戶是必須下的工夫。

另外，關於轉換率的增減，需要重新確認到購買前的動線中是否有較常流失顧客的部分。例如，若多在購買過程中填寫位址的頁面流失的話，就使用輸入郵遞區號就會自動填寫位址的機制等改善對策。另外，如果是服務類還需要採取一些措施，比如讓免費體驗可以一鍵完成。

第二，關於外部因素，無論是點擊量或轉換率的增減，都不是由自家公司的努力決定的。競爭對手投放了怎樣的廣告、製作了怎樣的頁面、推出了怎樣的商品、提出了怎樣的報價等，都會在很大程度上造成影響。

考慮到這些，如果因為單次成本高而降低單次點擊成本的話，可能會出現看不到自家廣告，幾乎只看得到競爭對手廣告的情況，讓營收和利潤一口氣下降。

像這樣，必須在意識到競爭的基礎上採取對策。

競爭對手會像這樣對自家公司的廣告成果產生巨大影響，但另一方面，對競爭對手的廣告做出怎樣的反應也是自家公司能決定的要素。由此可見，競爭對策雖然歸納於外部因素，但實際上也可以說是自家公司能解決的問題。

第3部
行銷人與
品牌策略的未來動向

第1章　該視為目標的網路行銷人樣貌

現今這個時代每時每刻都在變化，看似確立的行銷理論在變化的時代中也不是「絕對」的。

尤其是網路世界的變化非常顯著，世界知名企業都在夜以繼日地進行更新反覆運算，使這種現象更為明顯。

在我看來，理解市場基本面和技術面兩方面的行銷方法，並將其付諸實踐的行銷人員，才是未來理想的行銷人員，也是長久活躍的條件。

那麼，具體來說，將第1部和第2部中學到的「基本面」和「技術面」兩方面充分吸收的話會如何呢？又將會變成什麼樣呢？

本章將具體來看看。

圖 23　頂級四邊形

69 能否僅憑1行文案就了解商業動向？

據說，專業的餐飲店經營者只要踏入店內10分鐘，就能知道這家店的營收、獲利或虧損等經營狀態。從該時間段、星期幾的來客數能推算1個月的顧客數量，從菜單能得知顧客單價，從面積和桌子數量能得知所需的店員人數，從店鋪位置能得知固定費用，從料理品質則能得知食材成本。

我自己也有僅僅讀了1行的文案，就能判斷那家公司的業績和將來的情況。

這是在瀏覽某個設計非常漂亮的巧克力銷售網站（登陸頁）時發生的事情。一進入那個網站，非常漂亮的方形抹茶巧克力的照片映入眼簾，並加上「頂級四邊形」的廣告標語（**圖23**）。

當我看到第1行寫著「頂級四邊形」的廣告文案時，心想「這應該很難獲利吧」。

按照目前電商市場的單次成本行情，若沒有「多次重複購買」或「高單價」就無法獲利。所以這個巧克力的價格區間，若沒有重複購買就不能獲利，但由於沒有引起回購的溝通設計，所以很難獲利（雖然只是個人感覺，但無回購要收支平衡的價格標準約7000～8000日圓以上）。

另外，要想吸引顧客再次購買，必須以商品本身的品質為前提，將「容易重複購買的人」作為顧客群體的核心。

因為登陸頁很漂亮，所以一定能成功吸引「對甜點不感興趣的客群」；能推測製作者或許是企圖製作出「對甜點不感興趣的人也想買的登陸頁」。這對於廣告商來說或許是正確的。但是，從企業觀點來看，忽略了**對甜點不感興趣的客群回購率低**這個重要觀點。

商品分為「核心價值」和「附屬價值」，核心價值指的是食物的味道，外觀的美感等屬於附屬價值。**被附屬價值吸引的人也會購買，但只有被核心價值吸引的人才會重複購買**。

從這個商品的價格來看，這家公司的商業模式就是必須獲得回頭客。獲得回頭客是此商品的命脈，而想獲得回頭客，就必須讓對核心價值「味道」感興趣的人成為顧客。

但對於精通甜點味道的人來說，第1行強調的不是「味道」，而是「頂級四邊形」的「形狀」時，就會認為「最大的賣點是視覺效果嗎？」而感到失望（當然也會因人而異）。如果說明的內容中「視覺」的比例高於「味道」，就會讓人覺得這不是「對味道有自信」的商品。

這樣一來，尋訪美食的「相當喜歡甜點的人」就會去尋找其他更美味的甜點。一看就知道是「美麗的四邊形」。正因為如此，廣告文案更應該提到味道。

說到底，還是要以對甜點感興趣的人為核心購買者，之後再吸引周圍不感興趣的人才能獲利，但這個登陸頁只注重視覺效果，沒有傳達最重要的味道（雖說是「由傳奇的專業甜點師製作」，但卻沒提到甜點師的故事）。這樣一來，就會把真正對甜點感興趣的人拒於門外。

用創新理論（首先創新者購買，然後一般人購買）來說，就是沒吸收到甜品市場的創新者，而是吸收了設計、時尚、流行市場的創新者。

當然，被外觀吸引而購買的人也會因為好吃而回購，但與注重「味道」的人相比，重複購買率還是很低的。

而且作為甜點來說價格不菲，如果不夠美味就不會重複購買。這些人當中即使非常好吃也會反覆購買的回頭客，也僅限於「相當喜歡甜點」的人。因此，最初的使用者應該致力於吸引甜品市場的創新者，以他們為起點，用「貴但好吃」為話題向周邊擴散。僅憑「外觀美」這點在社群網站上宣傳，只會是一次性的傳播。

我覺得這種以「頂級四邊形」為最大賣點的銷售方法無法吸引回頭客，導致LTV變低，很難實現收支平衡。

消費者從第1行就能感受到該事業的理念。我希望大家知道，在電商領域僅僅1行字就有可能左右事業成敗與命運。

雖然不過是1行字

也不能小看這1行

希望你成為能寫出充滿靈魂的1行字的行銷人。

70 想對網路行銷新人說的話

當轉換率（購買率）比前一天大幅下降時，你知道專業的網路行銷人員會先留意什麼嗎？

答案是「**購物車和伺服器是否正常運行**」。

專業人士在制定對策時會考慮到所有的模式，對動線各處進行檢查，使所有的過程都達到最佳狀態。

當然，與自己有關的地方應該是完美無缺的，所以轉換率惡化的時候，首先要思考與自己無關的地方是不是發生了什麼問題。

因此，惡化的原因可能是「市場上發生了預料外的事情」或「系統上發生了故障」。

所謂「市場上發生預料外的事情」，是指競爭對手突然加大投標力度的情況，或者某天明星出軌的新聞曝光，導致媒體的顯示次數激增，對單次成本和轉換率產生影響等。

所謂「系統上的故障」，可能是由於ＡＳＰ等系統方面的錯誤導致購物車無法正常運行，或者伺服器狀態不好導致網站無法正常顯示等原因。

前者「市場上發生了預料外的事情」的情況，無法立刻解決。而且，即使這是主要原因，也有很多無法自行修正的部分。

但是，如果是後者**「系統上發生了故障」就能馬上確認，若這是主要原因，就可以馬上止血**。所以，首先要檢查購物車和伺服器。

關於確認的方法，首先要試著自己用購物車下單。

即使正常運行，也有可能是現在修好了，但在昨天的某段時間發生了故障，所以要觀察昨天不同時段的訂單數量，確認是否有極端下降的時段。

即使不是自己能直接控制的因素，專業人士也會適當把握可能影響結果的部分。知道如何找出並修正主要原因是理所當然的。

當至今都很順利的政策突然惡化的時候，有些行銷人員不確認購物車和伺服器就直接重新審視創意，這種作法不夠專業。

專業行銷人員的工作不是調整政策，而是**提高轉換（購買數量）**。會影響ＣＶ的部分相當廣泛，掌握全部內容才是專業人士的工作。

反過來說，正因為經常抱持自信採取措施，才會在自己的措施以外的地方尋求轉換率惡化的原因。

購物車的設定也是自己的責任範圍，「雖然政策順利執行，但是因為購物車導致進展不順利」這種想法是業餘的。

正因為自己沒有直接接觸，出錯的可能性才高，把所有事都當作自己的責任範圍，在任何情況下都要提升ＣＶ，才是專業人士。

在專業人士的腦中，包含使用者透過智慧型手機畫面看到廣告到購買、訂購的各種動作和心理變化的過程。

如果是專業人士，應該會根據自己累積的各種經驗值、考慮所有的要素，在各種情況下採取最佳措施。

若突然偏離軌道，就意味著「市場上發生了預想外的事情」或「工程上發生人為失誤」。

如果兩者都沒問題，就表示自己實力不足，「沒有採取最好的方法」。

轉換率突然惡化時，首先觀察每個時段的件數，如果在某個時段件數突然減少，就能知道此時發生了問題。然後實際試著從購物車下單，確認能正常下單嗎？轉換有沒有被計算？

如果無法先確認這點，損失就會愈來愈大，所以必須馬上喊停。

71 網路行銷人的職業規劃

網路行銷的工作與貿易公司、銀行等需要10年、20年才能獨當一面的工作不同，經驗並不重要。

如果是有能力的人，1～5年就能學會網路行銷所需的知識。即使比較有5年經驗和10年經驗的人，技能差距也不會很大，純粹是個人能力上的差距。

因此，即使是經驗尚淺的年輕網路行銷人員，只要素質好，1～3年就能大展身手，甚至成為公司王牌。

因此，年紀輕輕就在網路行銷大展身手的你，若看到在銀行或貿易公司工作的同學在基層工作，就認為「自己這麼年輕就很厲害」是錯誤的。這單純只是因為，銀行和貿易公司的工作要10～20年後才會達到頂峰，而網路行銷的工作在2～5年後就能達到頂峰。

若因年少得志而得意，僅僅以2～3年學到的技能為基礎反覆做同樣的事，10年後當銀行和貿易公司的同學累積了經驗後就能拉開差距，而你即使努力也趕不上他們。

因此，網路行銷人員也有必要考慮10～20年後的職業發展。

71-1 時常將觀點歸零的技能

考慮職業規劃時應該做2件事。在此介紹第1點，即**掌握「將觀點歸零」的技能**。

由於網路行銷的變化迅速，「經驗」反而會成為「先入為主的觀念」而拖後腿，很多時候「無知的年輕人更有利」。因此，即使是年輕人也能大展身手，反過來也有可能被後輩趕超。十幾年來，主要設備也從個人電腦轉變為翻蓋手機，再到智慧型手機，吸引顧客的媒體每年都在發生變化。

各媒體的刊登標準也很多變，創意趨勢持續變化。下單方式從購物車、表單到聊天型式。

在這樣的時代，經驗淺、知識不足的人只要按照「現在的趨勢」去做就可以了，而有經驗的人若沒有「拋棄過去的成功經驗和成見」的意識，就要花費許多時間理解。

廣告運用也是，Yahoo!、Google、Facebook等平台持續進化得更加便利，但我們在習慣這些平台後，卻沒注意到它們的進化，繼續採用以往不方便的方式。

另一方面，新職員以嶄新的心情看著管理畫面，想著「這個功能是怎麼回事」並試用的話，也會有很了不起的成果。

有個詞叫新手運，那是真的。因為不會先入為主，所以才能勝利。

一旦成為熟練的老手，就只關注自己平時使用的功能，不會注意到新功能的添加。

我每天指導員工的內容中最多的就是「丟掉先入為主」。

很少有機會提出誰也不知道的新答案。

因為，真實的答案本來誰都知道。

只是，妨礙這種想法的「先入為主」的量因人而異。

像這樣做出了巨大成果的新人，一不注意就會不知不覺養成習慣，變得和老手一樣。然後，同樣被下一個新人超越。

網路行銷的世界就是這樣周而復始。**只有極少數能夠保持新鮮的眼光，每天以第一次的心情看著管理畫面的人才能成功。**

專業人士無論過多久都能保持不斷有新手運的狀態。

為此，關鍵在於能排除多少「先入為主」。這種能力的差異直接關係到工作成果。

反過來說，比起提高技能，把精力放在排除「先入為主」上能更快取得成果。

現在，你是否進行先入為主的判斷呢？

養成經常停下來確認的思維習慣，掌握「觀點歸零」的技能。

71-2 管理技能

是碰巧順應時代而活躍，還是能持續活躍，關鍵在於是否具備「經常將觀點歸零」的技能。沒有這種能力的人，在變化劇烈、經驗難以派上用場的業界，很快就會被以無知為武器的後輩超越。

除此之外，還有1件必須要做的事情就是**學習管理技能**。

如果不把工作轉換為長久做能提高技能的職務，就會過著一直害怕年輕人崛起的商業人生。

管理是需要經驗、知識和人脈的工作，這些技能是作為「資產」累積起來的，只要做10年技能就會提高。

工程師的職涯發展也是如此。程式設計所必備的思考速度遲早會趕不上年輕人，所以有種說法是若一直埋頭做程式設計，35歲就要退休了。因此若不把職涯轉移到上游階段的系統工程師就沒有前途。

具體應該掌握的管理技能包括機構化、商業模式的建立、教育、教育制度的確立等。

將自己正在做的工作分解成要素，將其機制化、手冊化，讓任何人都能做，並將其擴展。

如果能做到這一點，就能活用他人的力量，獲得無限的成果。

如果不掌握管理技能，只靠選手技能一決勝負，那麼只能拿出自己1人份能力的成果，若工作經驗無法成為資產，那麼10年後也不會提升。

也就是說，不管過多久都得和工作2～3年的行銷人員在同個戰場上爭鬥。如果登不上管理的舞台，就只能成為老兵。

首先，成為選手中的第一吧。

當你成為第一後，就要掌握將這些高級技能轉化為經驗的管理技能。

職業棒球也是如此。即使是作為選手活躍的人，根據他是否能掌握教練或教練技能，其職業棒球人生也會有很大的不同。

專業人士的職涯發展就是這樣。

71-3 技術面技能與基本面技能

前面說過，網路行銷人員的技能在1～5年能達到頂峰，如果把這個技能分為技術面和基本面，那麼技術面在1～3年可到達頂峰，基本面則在3～5年到達頂峰。

技術技能的高峰較早抵達，所以技術技能提高到一定程度後，必須集中精力學習基本面技能。但是，有些人達到技術面頂峰後，就覺得技術是「萬能」的，誤以為光靠技術技能就能做下去。

其結果就是只靠技術技能製作創意。

具體來說，就是將製作創意時使用的關鍵字和圖片等模式化，根據資料製作「護膚品登陸頁的成功法則」，然後套用。

這種做法能用數據條理清晰地說服實務經驗不足的上司和客戶，而且在5～10年前，競爭對手還很少的時候，實際也取得了成果。

但現在這樣製作出的登陸頁幾乎沒有成果（即使有成果，相較之下也比之前糟糕）。因為無法與其他眾多的護膚品有所區別。

基於技術技能的創意雖然適合與前例「同質化」，但一旦市場成熟，進入「差異化」階段就沒有作用。所謂技術，是指「效仿前例」的技能，而不是「超越前例取得成功」的技能。

與此相對，基本面技術要花5年才會達到頂峰，但也有部分行銷人員在第一線工作了10～20年，如果達到極致就會被當成大師（再次強調，基本面技術是以人類感情為基礎設計溝通的技巧）。

技術技能達到極致的人，最好也磨練基本面技術，但如果無論如何都不擅長，也能和基本面技術優秀的人一起工作。

但是，為此必須學習管理技能。

如果能管理好擁有優秀基本面技能的人，你的成果將無限擴大。

72 從小處著手，循序漸進

本公司每年能創造出20～30億日圓的利潤，也許有人會期待以億為單位的主題，但在這本書中，我想應該都是以數千日圓為單位的故事。

以億為單位創造利潤的人，並不是大膽地以億為單位看數字。將1000日圓、2000日圓認真累積，形成不崩潰的獲利結構，就能創造出數十億日圓的利潤。

連1000日圓、2000日圓都無法確認的人，不可能創造出數十億日圓的利潤。

可以肯定的是，賺錢的人對數字看得愈仔細，不賺錢的人對數字愈粗略。

不是基層人員看瑣碎數字，管理人員看大略數字。

管理人員的權限是要把最細節的數字都看得清清楚楚。

因為投資1000日圓能變成1300日圓的人，投資10億日圓就能變成13億日圓。

這是很簡單的道理。

不能得心應手地獲利的人，無法進行將1000日圓變成1300日圓這種「少資本」、「超低風險」、「簡單計算」的最小模擬，反而一口氣投資幾十萬日圓、幾百萬日圓。所以工作成果沒有再現性。

以無法再細分的程度進行最小模擬，透過模擬達到收支平衡的程度，然後利用槓桿擴大。這樣一來，利潤就會一下子增加。

反過來說，只要了解1000日圓如何變成1300日圓就好了。
瑣碎的數字才是最重要的數字。
然後將產出的微利放大。
在談以億為單位的話題前，先模擬將1000日圓變成1300日圓吧。

73 打造總市值1000億日圓企業的方法

1000億日圓的企業，也是延伸自將1000日圓變成1300日圓。
作為思考方式，首先完成1年從1名客戶處獲得1萬日圓營業利潤的單位經濟（每個最小營運單位的收益），然後要獲得30萬名客戶。這樣一來，年營業利潤為30億日圓（稅後約20億日圓），稅後利潤20億日圓乘以PER（本益比）50的係數，得出的企業價值（市價總額）就是1000億日圓。計算公式如下。

1萬日圓×30萬人（×稅後率）×PER50＝1000億日圓

重要的是，以最小的單位經濟透過乘以「新增人數」和「PER」的係數來施加槓桿。

這是打造市值1000億日圓企業最簡單的方法。

假設1年是1萬日圓，如果第1年出現赤字，第2年是2萬日圓，第3年是3萬日圓，雖說達成目標的時間只會延後1～2年，但若從投資到回收的時間過長，市場變化的風險就會提高，事業管理的難度也會增加數倍。

如果目標是市值總額1兆日圓的話另當別論，但若是市值總額1000億日圓左右的話，做1年就能回收的生意難度會一下子下降（簡單來說，就是暫時凍結投資→回收的時間長的事業，集中於投資→回收的時間短的事業）。

聰明的經營者會致力於「攻克」「難度高的事情」，而更聰明的經營者會避開「難度高的事情」，致力於「尋找難度低的方法」。

乘法運算是只要某個數字翻倍，整體就會翻倍，那麼應該在哪個數字上投入精力呢？

答案是「**單位經濟效益**」。

因為這對新增人數和PER都有影響。

本公司雖然是營收約100億日圓的企業，但總市值落在400～1200億日圓。

另外，本公司股票的年交易額最多可達到5000億日圓左右。

經濟是在最小單位經濟的基礎上進行多次「乘法」擴大的結構。決定乘法倍數的是前一道工序的「利潤」。

74 成為超一流行銷人的方法

如在〈52　更正確的ＬＴＶ計算法〉中所述，本公司自行製作用於計算ＬＴＶ的系統。我們公司還有很多獨特的經營指標和行銷指標，這些指標都是由能計算出各種數值的獨創系統形成的。

網路行銷的世界變化很快，市場和方法變化頻繁，因此每改變一次策略和戰術，就必須觀測新的指標。為了計算出該指標的數字，不能坐等市場上銷售的ＳａａＳ（Software as a Service，可以透過網路使用軟體應用的服務）改進。

因為我們公司能自己組建系統，所以可以製作所有原創的分析工具。如此一來，無論在什麼樣的環境下，都能根據分析確定優先順序，排除無用的行動，提高工作效率。

這些系統的貢獻也包含ＲＯＥ（權益報酬率）在日本名列前茅，每位員工的利潤為2000萬日圓等有效經營。

即使是一流的行銷人員，如果不懂系統，也不知道如何對資料進行分析加工。

我們公司的大部分系統的基本設計都是我做的。我自己親自製作的也有很多。

在我看來，市售的大部分分析工具都不夠完善，使用這些工具的行銷人員只能根據資料分析，結果做出了膚淺的分析。以ＬＴＶ來說，目前市面上還沒有軟體能將其應用於行銷策略。

前面提到的ＬＴＶ計算系統並不是很難的設計，2～3張設計書就能說明。雖然有些複雜，但用Excel也能做到。

但是，如果沒有理解市場行銷和系統兩方面的話，是寫不出設計書的。

雖然有些突然，但身為教育家且著作頗豐的藤原和博在《十年後，你有工作嗎？》（暫譯，2017年，鑽石社）中，有提到如何成為「百萬分之一」的超一流奧運選手之「**百萬分之一理論**」。

首先，集中在1個領域獲得100人中僅1人的稀有度，之後在不同領域也獲得100人中僅1人的稀有度，因100×100於是就能擁有1萬人中僅1人的稀有度。而且，若再於別的領域確保100人中僅1人的稀有度，那麼就能成為百萬人中僅1人之無人能及的存在。

我自己也沒有自信能不能成為百萬分之一，但我想應該能成為萬分之一的存在。

我在「行銷」領域的技能是百分之一，在「系統設計」領域的技能也是百分之一。

因為只要100人中僅1人的程度，故雖然比我有行銷能力的人或比我厲害的系統工程師很多，但同時會「行銷」和「系統設計」的人卻少之又少。

不過，只要最低限度地了解這兩點，就能應對任何行銷現象。如何獲取資料、如何將資料組合成數值、如何將資料視覺化、如何利用系統進行控制，這些都能在瞬間掌握。

橫跨這2個領域，使我成為萬分之一左右的存在。

雖然100人中僅1人並不容易，但換個角度看，也不過是學校裡2～3個班級中的優等生。

比如，「數學」為2～3個班級中的第1名。「英語」也是2～3個班級中的第1名。說得極端一點，即使其他科目完全不行，也能成為萬分之一的存在。

我並不喜歡系統，因為創業時沒有外包的錢，只好一邊自學一邊製作訂單處理軟體。說實話很不情願，程式碼也亂得不敢讓人看。

但是，當時的經驗如今成為了無可替代的寶貴財富。

行銷人員自己能不能控制系統，所創造的價值會相差１００倍左右。

在思考某項新政策時，能夠立即了解該設置什麼標籤、在什麼條件下啟動標籤、如何將其結果導入資料庫、與哪些資料結合並如何統計、可視化後的目標要多少才能繼續，到什麼程度則要進行調整等的人具有絕對優勢。

如果想在1個領域成為萬分之一的存在，就必須優於其他9999人。

但按照百萬分之一理論，如果要成為1萬人中僅1人的存在，那麼只需要擁有2個比其他99人優秀的領域即可。

顯然，後者實現的可能性要高得多。

因此，如果想成為萬分之一的行銷人員，就應該學習系統。

要掌握系統和英語，在上了年紀之後難度相當高。

建議趁年輕掌握資料庫和程式設計的基礎。

第2章 該視為目標的品牌樣貌

與行銷密不可分的是「品牌」，隨著網路普及，「品牌」的存在方式也發生了變化。品牌的「信賴」是非一朝一夕能形成的要素，這對消費者的購買決定有巨大影響，但現今卻很難發揮作用。

這是因為比起作為商品群的品牌優勢，商品單體即產品的優勢更高。其背景無疑是網路行銷的普及。

在此，我們將分析品牌所起的作用，以及其作用如何變化，將來又將如何發展。

75 品牌定位的變化

隨著網路行銷普及，消費品商業策略中「品牌策略」的重要性逐漸下降（這裡所說的「品牌策略」是指將產品群視為1個「品牌」，以「群體」制定策略）。

其理由是資訊蒐集以網路為中心，檢索「產品單體」而非「品牌」成為主流。

有些人會搜尋「有沒有什麼好商品」，卻沒有人會搜尋「有沒有什麼好品牌」。

消費者最終會因為「產品」買單。

以前要判斷產品的優劣，在實體流通中得到的資訊有限，所以以「品牌」作為判斷材料。那可能是製造商的品牌，也可能是「某某百貨公司有賣，所以放心」的零售品牌。

但是，隨著網路普及，直接比較產品變得非常容易。由於僅憑產品本身就能輕易判斷優劣，「因為是某某品牌」的優勢就難以發揮作用。

當然，不能說完全沒優勢，但重要性可說降低許多。

服裝品牌也將多個子品牌進行整合。這是為了在品牌重要性降低的現在，減少分開管理品牌的麻煩。

行銷方式發生了根本性的變化。

76 不可盲目嚮往知名品牌

人們在購買物品時的優先順序如下。

① 一般商品

「效能／價格」＞「效能」＞「品牌」

②衝動購買、折扣或均一價的商品、失敗也沒關係的商品

「價格」>「效能／價格」>「品牌」

③品牌實力高的部分商品

「品牌」>「效能」>「效能／價格」

對於①、②、③商品的想像因人而異，可能多少會有差距，但大致可以分為以下幾類。

很多公司都想生產「③品牌實力高的部分商品」，但這是難度最高的。

③的世界中獲利的只是一小部分，例如路易威登、愛馬仕、蘋果等世界知名品牌。

另一方面，我們周遭能獲得高額利潤的公司幾乎都是①類商品。

只有追求潮流的媒體和創新者，才會對品牌的帥氣感產生反應。早期採用者只靠外觀是不會有反應的，所以無法跨越鴻溝（商品投入市場時，在普及到大眾之前的壁壘）。也就是無法產生差異。

應該只關注多數人，做紮根於生活的實際需求商業和產品。

另一方面，也有少數新興企業生產了③的商品，一時獲得成功。不過，一般不會持續很久。因為很快就會出現以①或②為武器的類似產品。

要想延續產品的商業生命，就必須具備能戰勝以①或②的「效能」和「低廉價格」為武器的同類產品的強烈形象，但這種強烈形象很難做到。

典型的例子就是因具有特色的涼鞋而風靡一時的卡駱馳。

卡駱馳採取縝密的行銷策略和形象策略，在日本市場一舉成為100億日圓的企業，但很快低價的類似品就占領市場，現在類似品已經陳列於均一價商店。

卡駱馳在日本市場的策略是，為了重視形象，不把商品放在鞋店，而是從精品店開始銷售，這是讓人歎為觀止的策略，但即便如此也沒能戰勝價格低廉的同類產品（在歐洲、美國，品牌再生似乎很順利，但在日本還不能說做得好）。

很多人憧憬品牌商業，但我認為品牌形象策略要在年營收500億日圓以上才有作用。最開始集中於①或②，達到一定規模後再轉向③的領域是上策。

77 形成市場的不是品牌，而是商品

很多人找我諮詢過的D2C業務方案，其中多數都說：「因為某某沒有品牌，所以要透過將某某品牌化創造市場。」

說白了這是錯誤的。**創造新市場的不是品牌而是商品，沒有市場意味著人們感覺不到「必**

要性」。

讓人感到「必要性」的不是「品牌形象」，而是「商品的便利」。「我想用這個！」必須先讓人產生這樣的想法，市場才會顯現。

不要忘記，顧客不是為品牌付錢，而是為商品付錢。

即使創造再好的品牌形象，如果商品本身沒有「壓倒性」的魅力，顧客也不會特意掏錢。沒有明確商品優勢的D2C是無法創造市場的。

帥氣和美麗等品牌形象，是在「既有市場」中進行差異化或搶攻市占率時發揮作用的東西。**品牌的作用就是讓人們在既有市場中產生「我想要這個商品」的想法，而不只是「我想要這類商品」**。

武器會根據該事業是要「創造市場」或「搶攻既有市場」而改變。前者只能靠商品競爭。絕對不能試圖用品牌來創造市場。

78 不提高知名度，提高利潤

電子商務企業應該採取什麼樣的策略呢？比較一下航空業界的傳統航空和廉價航空的策略差異就很容易理解。

・傳統航空公司的目標＝營收最大化、市占率最大化
・廉價航空的目標＝利益最大化

這是傳統航空與廉價航空策略差異的根本部分。按路線和機種考慮的話如下。

【路線】

・傳統航空＝以網羅所有航線為目標，透過擴大航線來實現營收和市占率的最大化。但是，其中包含獲利路線及虧損路線。

・廉價航空＝只進軍傳統航空獲利的航線。

【機種】

・傳統航空＝大規模航線用大型飛機，小規模航線則用小型飛機，根據每條航線準備最佳機型。

・廉價航空＝為了降低維護成本，將機型數量控制在最小範圍內。

從結論來說，電子商務企業應該模仿廉價航空策略。

但在沒獲利的電商企業中，大多數公司雖然是電子商務企業卻了採取「傳統航空策略」。

讓我們更詳細來看。

78－1 效法航線的制定思路

利潤微薄的電子商務企業透過大量投入廣告費、控制流通等方式謀求「認知的最大化」。但這樣一來，因為最優先的是網羅所有路線，所以產生了很多虧損路線。且與整體利潤率較低的傳統航空公司採取同樣的策略，無論過多久都無法獲利。

電子商務企業因為直接與使用者聯繫，所以只要「僅為目標族群所知」就可以。連目標以外的人知曉是在浪費廣告費。

- **獲得目標受眾認可的ＰＲ＝獲利路線**
- **讓目標以外的人知曉的ＰＲ＝虧損路線**

如果像廉價航空一樣專攻獲利路線，就一定會有利潤。

78－2 效法機型的選擇思路

要想對商品品質負責，就一定會有維護成本。

如果像傳統航空那樣不斷增加機型數量，那麼維修人員需要記住的東西就會增加，使維修品質下降，需要的人數也會增加，因此維修成本會提高，使利潤緊縮。

因此，電子商務企業不應該採取完整產線策略，而應該在能夠完全承擔售後責任的範圍內發售商品。

否則，售後品質就會下降，管理成本就會上升。

銷售成本不僅要看直接成本，連與銷售管理費用的關聯性都考量到的話，就知道不能增加機型數量。

也就是說，前面提到的五階段利潤管理中的掌握ＡＢＣ利潤在這裡非常重要。因為生產了很多商品、拉長戰線，各個商品對應的員工人事費增加，就沒利潤了。或者，無法對各種商品進行充分應對，導致品質變差，最終無法獲得利潤。這些事都必須要避免。

但不能搞錯的是，因為有傳統航空，所以才有廉價航空。

透過傳統航空建立的全國航線，並滲透進其中的分支，廉價航空才得以成立。

乘虛而入的廉價航空若想要像傳統航空公司擴張至全國、擴增機型的話，廉價航空的優勢就會消失，一口氣陷入赤字。

電子商務企業也一樣。

如果憧憬全國性品牌，想要像全國性品牌那樣進行宣傳、湊齊產品陣容的話，就會淪為三流全國性品牌。

在電子商務企業經營中，「知名度提高」並不是成功。與全國性品牌相比，「創造出更高的利潤」才是成功。

本公司的利潤已經完全趕上一些知名的全國性品牌，很多全國性品牌也在我們的射程範圍之內。但之所以會出現這種情況，是因為我們堅持了與全國性品牌不同的做法，即「**不提高知名度，只提高利潤**」。就這樣首次超越了全國性品牌，而追趕全國性品牌的策略無疑是不可能的。

「貴公司這麼賺，提高知名度不就能賺更多？」雖然我常被這麼問，但其實正好相反。是「因為不需要浪費時間和金錢在提高知名度上，所以才賺錢」。電子商務企業的優勢是可以「特化獲利路線」。請不要忘記這件事。

79 真正的品牌與人為品牌的區別

品牌如何建立、如何一般化，如何淘汰、如何延續？我是基於下面的考量。

①真正的一流品牌最初是從1個優秀的招牌商品中誕生的。例如路易威登的旅行箱（現在在所有服裝商品中都很受歡迎的路易威登，在1854年成立之初，是以輕便和品質為賣點的行李箱專賣店）。

②使用該招牌商品，並熟悉品質好壞的顧客（創新者或早期採用者）認為「因為是推出這種優秀商品的製造商（品牌），所以其他商品也很棒」，以路易威登為例，行李箱以外的商品也賣得很好。

③製造商（品牌）為了讓人容易辨識自家公司的商品，統一商標、標誌和袋子的設計。

④具有該商標和標誌的商品販售給了解品質好壞的創新者和早期採用者，因此大多數顧客（不了解品質好壞的普通顧客）會認為「帶有該商標和標誌的商品是好商品」並開始購買，進而普及大眾。

──偏離品牌本質的時機之1

⑤只要貼上自家公司的商標和標誌，任何商品都能在多數群體中熱銷，因此，不了解最初的商品和品牌起源的新一代員工會誤以為以「商標、標誌」為基礎的「形象」就能暢

銷，而疏忽產品品質。

⑥隨著商品品質逐漸下降，對品質好壞瞭若指掌的創新者和早期採用者逐漸流失。受此影響，多數顧客也會離開。

——偏離品牌本質的時機之2

⑦不知道品質好壞的三流廠商誤以為「只要有漂亮的商標和標誌，商品就能賣得出去」，於是不斷推出展現漂亮的商標和標誌的商品。

⑧透過商標和標誌進行判斷的多數人看到三流製造商帥氣的商標，會被「〇〇已經過時，今後將是〇〇品牌」的說法所迷惑而購買。但他們並不是被品質所吸引，而是被接連的新品牌所吸引。三流品牌就算一時熱銷，但很快就滯銷，經常被新的三流品牌替換。

⑨持續維持品質的品牌會持續受到了解品質好壞的顧客的支持，而多數人在各種劣質品牌之間徘徊後，最終仍會回到這個品牌。

⑩因此，在開發真正品牌的新商品時，要以「能從這個商品中誕生新品牌」——開發品牌

的第1款商品的心情做出最高品質的商品。

品牌的誕生、大眾化、衰退、持續的流程大致如此。

只要推出1件品質低劣的商品，就會一下子失去至今培養的信用，因此與現有商品相比，品質水準的惡化完全不用討論。

為了防止這種情況，必須於每次生產新商品時都提高門檻。

具有持久性的一流品牌都走過這樣的道路。

80 品牌應該守護與進化的東西

品牌中有「應該守護的東西」，如果被破壞了就不能成為品牌。

但如果只考慮守護，就無法進化。無法進化的品牌也會被淘汰。下面來看幾個事例。

星巴克原本不是咖啡館，而是「咖啡豆烘焙銷售店」。

進軍咖啡館的時候，公司內部有很多反對意見：「我們畢竟是咖啡豆烘焙業者，進軍咖啡館這樣的其他行業會失去星巴克的特色。」但是，不顧反對而設立的咖啡館大受歡迎。進軍咖啡館這一品牌進化是成功的。坦白說，正是因為進軍咖啡館，星巴克才成為真正的品牌。

但是，不久之後，愈來愈多的使用者要求推出使用「脫脂牛奶」的拿鐵咖啡。這也受到許多反對，說「這是對咖啡的褻瀆，不是星巴克該做的事」，但星巴克還是力排眾議，將其商品化。結果拿鐵咖啡大受歡迎，拓展了客群，鞏固了星巴克的品牌。

但另一方面，「熱三明治」這一暢銷商品卻破壞了「星巴克特色」。熱三明治的香味抵消了店內咖啡的香味，導致喜歡咖啡的使用者流失，使得業績下降（據說現在正在改良，不讓咖啡的味道消失）。

以星巴克為例，我們經常會煩惱品牌應該堅守什麼、應該進化什麼。

從結論上來說，沒有「正確答案」。

進一步說，「沒有正確答案」才是正確答案。

另外，古馳在幾年前更換了設計師，因此業績大幅增長。不過，可以預測到，雖然改變口味吸引了新顧客，但舊顧客正在流失。這個品牌的變化是「進化」或「劣化」，恐怕還沒有答案。

本公司原本也是賣螃蟹和甜瓜的「北海道特產店」。進化的結果，我們走到了今天。

經常有人會問：「這麼大的變化，公司內部有沒有混亂？」其實完全沒有。

從螃蟹到健康食品，再到化妝品，雖然經營的商品發生了變化，但「透過網路提供能滿足顧客的商品」這一部分卻完全沒有改變。

雖然商品種類發生了變化，但這種普遍的意識或許才是我們「應該堅守的品牌核心」。

81 塑造品牌從滿足眼前的顧客開始

從「製造粉絲」的角度出發，將品牌行銷比喻為音樂行業。

常年受到眾多歌迷支持的藝人，並不會按照下面這樣的流程誕生。

「我要創作一首好曲子。」

↓

「要吸引到能判斷曲子好壞的主流一流製作人的目光。」

↓

「由主流的一流製作人經手大規模宣傳。」

↓

「會有很多粉絲。」

而是依下面這樣的流程誕生。

「我要創作一首好曲子。」

↓

「在路上和網路公開。」

↓

「與為數不多的聆聽者直接交流，讓他們不只愛上歌曲，更成為歌手本身的忠實粉絲。」

↓

「１個個地增加這樣的忠實粉絲，持續１０００次，就會積累１０００個忠實粉絲。」

↓

「比起歌曲的『品質』，主流製作人更關注『最少能賣給１０００人』的銷售層面。」

↓

「在製作人的指導下出道。」

↓

「雖然不到大受歡迎，但比業餘時被更多的人認識。靠自己的力量讓這些人成為忠實粉絲。」

→「忠實粉絲達到3萬人。」

之後還可分為模式1和模式2。

【模式1】

一流的製片人看中了他「擁有3萬忠實粉絲的能力」，進行大規模的宣傳，於是有了100萬粉絲。

【模式2】

拒絕一流製作人和媒體的邀請，在自己能觸及的範圍內1個個地增加粉絲，花幾年時間打造出銅牆鐵壁的10萬粉絲（不怎麼上電視的魅力音樂人都是這種模式）。

不能只是製造好東西，坐等別人去發掘和宣傳。

首先要靠自己的力量滿足眼前的1位顧客，讓他成為忠實粉絲，然後不斷重複1000次，積累1000個粉絲。做到這一步，就會知道「把顧客變成粉絲的方法」。

只要有1000名鐵粉，主流（媒體）就一定會關注。

如果有必要再正式出道。不這麼做的話，突然出道也不會有粉絲，就算爆紅，如果不知道把顧客變成粉絲的方法，也是曇花一現。

反過來說，如果自己有累積粉絲的能力，就沒必要依賴主流媒體（這裡所說的「主流」指的是被大眾媒體報導、在網路上傳播等「透過他人的力量一下子被很多人認識」）。

比起電視演員，知名度低得多的YouTuber賺得更多是因為「可以靠自己的力量累積粉絲」。沒有必要依賴主流。

順便一提，GLAY的粉絲俱樂部會員在生日月份能收到成員寄來的生日賀卡，而與現有的會報雜誌方向性完全不同、在智慧型手機上刊載原創內容的移動粉絲俱樂部也收得到。無論多頂級的巨星，都不會放棄與粉絲的直接聯繫。

不只藝人必須具備「把眼前的顧客變成忠實粉絲的能力」。

我們不外包客服中心，而是自己做的理由是「為了和客戶直接對話，讓他們成為粉絲」。

重要的不是誰帶來粉絲，而是自己親自創造粉絲。

為此，首先要滿足眼前的1位顧客。

82 愈是重度使用者，忠誠度愈低的故事

２０００年代前期，曾有個調查問卷讓人們意識到自己過於自信的問題。那是在網上買東西還很少見的時代。該問卷將顧客分為以下兩類。

・購買記錄在４次以下的輕度使用者
・購買記錄在５次以上的重度使用者

然後，我以郵件形式，針對不同對象詢問了各種問題，當我看到這些問卷的回覆時，大吃一驚。４次以下的輕度使用者回答：

「我最喜歡你們家的東西。」
「我經常在你家買！」

忠誠度高的人很多。
相反，購買５次以上的重度使用者幾乎都回答：

「嗯？你是哪家網路商店的？」
「啊？我買了５次了？」

很多人對本公司的忠誠度很低。
雖然也有當時的時代背景，但許多購買記錄在４次以下的人都是：

・第１次在網上買的就是這家公司的東西

・除了這家公司沒有在網上買過東西

所以，即使是4次以下的人，也會因為「是讓我第1次想在網上購買的公司」而非常有好感。

但是，購物次數超過5次的人，本來就是「基本上都用網路購物的人」。因為主要在網上買東西，所以記不清商店的名字。

即使我們自認為他是忠實使用者，在對方看來則是「你是哪位？」的感覺。

確實，每天去7-ELEVEN的人，並不一定都是「比起羅森和全家更喜歡7-ELEVEN」。也可能是因為距離最近，所以順道進去。

我們所區分的「忠實使用者」和「輕度使用者」，只不過是業者擅自決定。由此可見，不能抱持著，顧客多次購買一定很喜歡、自己的行銷策略肯定會成功的自滿心理。

也許顧客只是偶然看到就買了。

現在營收上升真的是實力嗎？

客戶真的是因為喜歡才買的嗎？

83 把思想融入行銷中

我現在做的是商品廣告的行銷，但過去剛畢業進入瑞可利公司時，學習的是徵才廣告製作的基礎。雖然能發揮在現在廣告和行銷的構建方法，但商品廣告和徵才廣告的目標有所不同。

商品廣告即使收到了目標顧客外的反應，只要顧客願意購買就值得慶幸。但以徵才廣告來說，即使很多達不到招聘標準的人前來應徵，也只會徒增選拔的行政處理，「目標受眾之外的反響」為0是最理想的。

也就是說，徵才廣告「目標設定的重要性」高於商品廣告。

我在學習設定目標的過程中，意識到了

「用什麼樣的思想設計行銷？」

這點的必要性。

日文原書的副標題雖提到「83種方法」，但最後想告訴大家的是我如何培養行銷思想。

83-1 基恩斯的徵才廣告行銷

這是大約30年前的事情，當時日本市值排名第3的基恩斯剛剛上市。

在上市之前，基恩斯的徵才廣告長久以來都是由我在瑞可利的前輩負責。在製作這則徵才廣告時，他每年都會對基恩斯任職滿1年的員工進行訪談，但在某年的訪談中前輩卻感到有些不太對勁。

在此之前，很多新員工都是主要針對「自己應該做的事情」，比如「我想在基恩斯做這樣、那樣的事情」，但從某個時間起，「基恩斯應該這樣做、應該那樣做」，將重點放在「基恩斯（如果是高層）應該做的事」這種評論家視角的內容變多了。

這種評論的變化，是在基恩斯上市、擴張之後增加的。

隨著公司的發展壯大，錄取了愈來愈多的高學歷學生，是主要原因之一。相對而言，高學歷的新職員更傾向於認為自己是「評論家」，而不是「當事者」。

我的前輩從新員工的發言中意識到，基恩斯正患上大企業病。

這裡存在著招聘戰線上的困境。因為在錄用時，企業對外的「信用」和「業績」等要素是最大的優勢。如果給人大公司的感覺，應徵人數就會增加，高學歷的人也會更容易被錄用。

風險企業與大企業相比，在「信用」和「業績」方面處於劣勢，在徵才廣告中，為了緩解這種不利局面，有必要強調信用和業績。然後，隨著公司壯大，信用和業績得到外界的認可，就會在徵才廣告上進一步宣傳自己是值得信賴的安心企業。

這樣一來，透過增加應徵人數，也能錄用更多高學歷人才，但被企業的信用和業績所吸引的人往往追求穩定，當事者意識較低。

在信用和業績被廣泛認可之前，為了在招聘中占據優勢地位，必須表現出「安心感」，但從某個階段開始會有反效果。若沒有具備當事者意識、認為「自己要讓公司成長」的人，這家公司就無法成長。

所謂人才，既不是數量，也不是學歷，勝負在於能聘用多少具有當事者意識的人。

我的前輩建議在徵才廣告中放棄「信用」的宣傳，基恩斯接受了這個建議。不是「因為是大公司所以能放心」，而是「請您讓基恩斯成長吧」的完全展現風險的廣告。

從那以後，「具有冒險氣質」的人的應徵數增加了。

採用這樣的人才會怎樣呢？看看之後基恩斯的成長軌跡就一目了然。

如果當時沒有更改徵才廣告，基恩斯或許就只是一家普通的大企業。

所謂廣告，無論是商品廣告還是徵才廣告，都掌握著企業的命運。

所以一刻也不能偷懶。

企業所處的環境、企業所面臨的課題時時刻刻都在變化，所以不重新審視，就直接發布以前的徵才廣告是不行的。

在每一次廣告中注入靈魂是很重要的。

83-2 吉本興業的徵才廣告行銷

這也是30年前，我還在瑞可利的時候發生的事。

當時，對徵才廣告部門（我所在的部門）來說，位於大阪總部的吉本興業是「堅不可摧的企業」，無論我怎麼推銷都無法成功。

理由很簡單，以吉本興業這樣的知名度，即使不投放徵才廣告，每年也會有很多學生應徵。沒有必要特意花錢做徵才廣告。

為了攻克吉本興業，同部門的前輩對該公司的課題進行了調查。

於是，我隱約看到了以下問題。

吉本興業每年都有很多學生自行應徵，但應徵者大部分是「藝人出身的學生」和「想要進入媒體，卻沒能進入電視台和大型廣告代理商的學生」這2種。

當時，吉本興業正從「演藝經紀公司」轉型為「綜合娛樂企業」。具體來說，不僅僅是劇場的演出和藝人的管理，節目內容的企劃和製作、DVD化、授權銷售等，想成為「娛樂內容的綜合企業」。

這種變革所需要的人才並不是「藝人出身的學生」。另外，要想和電視台、廣告代理商平等競爭，如果錄用在電視台、廣告代理商落選的人才是無法取勝的，所以也需要能在「綜合企業」大展身手的人才。

但那些想進入綜合企業的學生，並沒有把吉本興業作為自己的就業目標。

因為**想要進入綜合企業的學生只知道吉本興業的「存在」，卻不知道「吉本興業目標成為綜合娛樂企業」**。

為了讓想要進入綜合企業的學生選擇吉本興業，就應該投放徵才廣告，讓他們知道「吉本興行是綜合娛樂企業」。

像這樣，不是呈現「現在」吉本興業的「招聘」課題，而是「未來」吉本興業的「經營」課題。

我向吉本興業提交這個提案後，很快就成交了。

這恐怕是吉本興業創業以來，首次為徵才廣告花錢的案例，是一筆劃時代的交易。之後，吉本興業的娛樂企業化取得了成功。

招聘並不是應徵者愈多愈好。最重要的是品質。

招聘不是為了錄用「現在的公司」所需要的人，而是為了「未來的公司」。所有的工作都與公司的未來息息相關。

徵才廣告尤其要確認是否對自己公司的未來有貢獻。

商品廣告也是如此。無論獲得多少點擊，如果無法轉化為CV（購買），就毫無意義。就算有很多人購買，但LTV都很低的話，就無法聯繫企業的未來。

也不是只要有知名度、被認可就好了。不要被眼前的數字所左右，**思考「應該被什麼樣的**

人、怎樣被認可」，並以此為目標制定戰略非常重要。

該不該打廣告？

如果要刊登，應該以什麼為目標呢？

廣告無論是商品廣告或徵才廣告，都掌握著企業的未來。

83-3 JA全農的徵才廣告行銷

這是我在學習「廣告上的分棲共存」時的經驗。

這也是我在瑞可利工作時，參與JA全農的應屆畢業生招聘時發生的一件事。

JA全農有各種業務，其中最主要的業務是作為金融機構向合作社成員的農戶提供貸款等金融服務。因此，招聘目標也以「對金融機構感興趣的人」為主要目標。

但是，想要在金融機構就職的學生首先會應徵東京銀行，所以現實情況是在東京銀行落選、在地方銀行落選、在第二地方銀行落選、在信用金融落選的人，為了防止落選才會應徵JA全農。

話雖如此，在金融商務的現場，都市銀行、地方銀行、第二地方銀行和信用金融都是競爭對手。如果錄用對手認為不合格的人才，就無法戰勝對手，這是當然的。

由此可見，從某種意義上來說，在人才競爭的金融服務領域，JA全農處於壓倒性的劣勢。

但即使如此，還是有少數職員戰勝了競爭對手。也就是拋開上述金融機構，與農民進行交易的人。在訪談了幾位這樣的職員後，浮現出在ＪＡ全農的競爭中勝出的人物形象。

我發現在ＪＡ全農做出成果的職員不是「喜歡金融機構」的人，而是「喜歡和農家奶奶在檐廊上喝著熱呼呼的茶」的人。

在田間小道騎乘機車，挨家挨戶地打聽情況。

因為奶奶很中意我，就讓我坐檐廊陪她一起曬太陽喝茶聊天。

「奶奶的孫子下個月就要上小學了」連家裡的瑣事都能知道。

建立起這樣的人際關係的農戶一旦有資金需求，就會毫不猶豫地委託ＪＡ全農。

不管對方是東京銀行、當地銀行還是信用銀行，比起穿著筆挺西裝提出有利的利息條件的人，更想把一切託付給每次來找我的這個木訥的青年。

ＪＡ全農應該錄用的不是「對金融機構有興趣，曾落選東京銀行、地方銀行、第二地方銀行、信用銀行的人」，而是「喜歡與當地密切接觸，喜歡與農家奶奶在檐廊悠閒喝茶的人」。

由此，徵才廣告的理念發生了變化。

從「ＪＡ全農是金融機構，對金融有興趣的人請應聘」變成了「ＪＡ全農的工作是貼近地域，和農家奶奶在檐廊上喝著熱茶」。

於是，應徵者素質也一下子發生了變化。大部分應聘者都是對其他金融機構不感興趣，只喜歡和奶奶一起喝茶的「好人」。

這就是終極的「分棲共存」。

因為不是和其他金融機構「爭搶」，而是「分棲共存」在完全不同的舞台上，所以不會發生招聘紛爭。

這樣一來，來應徵的都是以ＪＡ全農作為第一志願的人，錄取者就不會被其他金融機構搶走，也幾乎都會來報到。

想要進入金融機構的人可以去銀行等，喜歡和奶奶相處融洽的人可以進入ＪＡ全農。每個人都能從事符合自己喜好的工作，企業也能錄用適合自己公司的人。

農家奶奶也為能陪自己說話的善良ＪＡ全農職員的增加而高興。

大家都很幸福。

這時，我產生了明確的行銷思想。

我目標的行銷是「分棲共存」。

分棲共存可以消除紛爭，讓大家幸福。商業和國家之間的紛爭也是如此。

從客戶的角度來看，企業之間明目張膽地爭奪市占率，並不是件令人愉快的事情。

我的行銷目的不是為了爭奪1個顧客，而是讓適合自家公司商品的人購買自家公司的商品，適合其他公司商品的人購買其他公司的商品。

因此，重點在於每家公司都要認真思考「我們的商品最適合哪些人」，然後再製作廣告。

如果所有公司都這麼做的話，就會往分棲共存發展，競爭對手之間的爭鬥就會消失。

因此，我們在研究自家公司的做法的同時，也會在這樣的書籍中公開自己的技巧，不模仿其他公司的廣告，而是根據自己公司的商品製作廣告。

直擊本質的廣告能消除紛爭，促使分棲共存。

正因為如此，我才希望每一位行銷人員都能制定出直擊本質的行銷策略。

83-4 廣告就是解方

讀到這裡，也許你會覺得當時的我是位諮詢師，但其實我只是在銷售徵才媒體的廣告欄位。所以當銷售媒體的廣告欄位時，以

「能讓這麼多人看到的媒體。」

「可以接觸到這樣的使用者群。」

「刊登費這麼便宜。」

這樣的「欄位銷售」法，很明顯會和競爭對手在價格上展開競爭。

因此，掌握對方公司的「經營課題」，將其解決方案落實到「徵才廣告的創意」上，再收取作為刊登創意的版面費用。

由此可見，「廣告」就是「解決對方課題的方案」。

為此，首先必須理解對方的課題。

讀過基恩斯、吉本興業、ＪＡ全農這3個案例就會明白，「課題」並不是對方「原本所想的」。透過傾聽，可以發現對方沒有注意到的問題。

透過諮詢後，提出「貴公司現在是否出現這樣的課題？」，並收到「是啊！真虧你注意到了！」的回覆。

為了解決這個問題，去思考

「對誰（哪種類型的求職者）說」

「說什麼（該公司的哪些部分）」

「如何說」

建立「經營課題的解決問題創意」。

如果只是照著對方公司給的公司介紹和資料製作廣告，是做不出「解決問題創意」的。

如上所述，行銷的本質從30年前開始就沒有變過。

行銷不管是在30年前還是現在，

「對誰說」

「說什麼」

「如何說」

都是很重要的。網路行銷只是把「如何說」的部分換成了網路，而「對誰」、「說什麼」的部分從30年前開始就沒有任何變化。

「如何說」的部分，會根據紙張、電波、電腦、智慧型手機等改變表現方法，今後也會不斷發生變化。

正因為如此，掌握「對誰」、「說什麼」的行銷人員在任何時代都能行得通，而只知道網路「如何說」的行銷人員在元宇宙時代是行不通的。

希望你以成為任何時代都能勝任的真正行銷人為目標。

83-5 解決問題創意的設計方式

徵才廣告針對「求職者」製作解決「公司」課題的解決問題創意，而商品廣告則有2種解決問題創意。

第1種是針對「使用者自身」製作解決「使用者」課題的解決問題創意。這時首先需要理解使用者，找出使用者的問題。

然後，為了解決該使用者的問題，找出該商品的哪些部分對該使用者有益，並將其作為廣告的資訊概念。

這個時候，能否與其他競品分棲共存是非常重要的。

因此，充分了解「使用者」、「商品」、「競爭對手」非常重要。

第2種和徵才廣告一樣，是解決「公司」課題的解決問題創意。

例如，假設透過廣告順利吸引新客戶，營收成長，但利潤並沒有增加。透過各種分析發現，由於使用者的LTV較低，所以單次成本相當沉重。這樣一來，即使繼續獲得新客戶，利潤也不會增加。

因此，為了提高LTV，蒐集「原本LTV就很高的使用者」進行調查，發現比起這個商品的主要宣傳部分，「○○的部分」更有價值。

以這一事實為基礎，創造出能夠吸引「誰（為○○部分而煩惱的使用者）」、展現「什麼（該商品的○○部分）」的創意。

如果透過改善獲得了相同數量的新客戶，LTV就會提高，利潤也會增加。

這正是解決公司「利潤率低」這一課題的解決問題創意。

解決問題創意中，「對誰說（對哪種人說）」、「說什麼（說哪些內容）」占九成，「如何說（用哪種方法）」占一成。

「如何」的部分當然也很重要，但只做這部分就僅僅是很基礎的行銷。

製作廣告的工作是「崇高的工作」。

我希望你能以成為實現「分棲共存」思想、製作出「解決問題創意」的高階行銷人員為目標。

在最後——為什麼要寫這本書？

感謝各位願意讀到最後。

最後，我想解釋一下我寫這本書的2個理由。

一是召集同伴。

今後社會也將持續朝網路化發展，網路行銷的重要性將愈來愈高。

在這之中，我正在募集想跟我們一起，用這次介紹的「基本行銷」和「技術行銷」2種武器改變世界的夥伴。

然而現在「自稱網路行銷人員」的人，大多數都只是「單純的數位操作人員」。

因此，我寫這本書的初衷，就是想透過本書告訴世人「真正的網路行銷是什麼」，並希望對此有共鳴的人能成為我的夥伴。

如果有人對本書的內容深有同感，請務必向本公司投遞履歷。

東京工作、札幌工作、遠端工作，不管是哪種工作形式都沒問題。

讓我們一起享受網路行銷吧。

另外還有一個原因是，我認為公開這些訣竅不僅對自己公司有幫助，也有利於整個行業。雖說這次我把自己的行銷心法以這樣的形式公之於眾，但在閱讀本書的人中，想必也有人經營的事業會與我的公司競爭吧。

那麼，明明有可能會變成競爭對手，為什麼還要公開這些知識呢？

老實說，這次我所公布的工作心法，說到底也就是

「運用基本行銷與技術行銷技能，有效觸及適合的目標受眾吧」。

只要徹底執行，應該就能減少向目標受眾以外的人推送廣告、或是無法把資訊傳給目標受眾這類徒勞無功的廣告投放。

倘若各家公司都能做到這點，那整個業界過剩的廣告刊登量就會有所緩解，廣告媒體的刊登行情也應該會調降。

同時，如果各家公司都鎖定目標受眾行銷，就能形成適當的分棲共存，緩解那些無謂的競爭。如此一來，連同本公司在內，整個行業的利潤率都會提高。

另一方面，如果不再出現沒有幫助、不適合自己的廣告，只展示自己感興趣的廣告，那對使用者來說也是一件好事。

然後，使用者就更容易使用網路媒體，並增加瀏覽網路的時間。

這樣的話，網路媒體的廣告欄位就會變多。網路媒體的廣告欄位一變多，網路媒體的營收也自然會上升。

綜上所述，假使各家公司都用基本面和技術面的行銷技巧有效觸及適當目標，對全體廣告主、網路使用者、網路媒體三者都有好處。

簡直是「三方互惠」。

我寫這本書，是期許可以藉由它讓網路世界發生這樣的變化。

只要動手實踐本書內容，一切都會有所轉變。

在闔上這本書時，希望各位馬上行動起來。

你的行動，將改變網路行銷的世界。

木下勝壽

1968年生於神戶，日商北方達人股份有限公司董事長兼總經理，株式會社FM North Wave董事會主席，同時也是一名現役行銷人員。曾於瑞可利控股工作，隨後在2000年創立北海道特產銷售網站「北海道.co.jp」。2002年，成立株式會社北海道.co.jp（2009年將商號變更為日商北方達人股份有限公司）。該公司於2012年在札幌證券交易所新興市場「AMBITIOUS」上市，2013年進入札幌證券交易所主板市場（一般市場），2014年與2015年分別獲得東京證券交易所市場二部（東證二部）及東證一部批准上市，締造史上首度連續4年上市的紀錄。2017年，公司總市值達1000億日圓。2019年名列「經營家市場評價排行榜」第一名（東洋經濟ONLINE），榮獲日本政府8次授予紺綬褒章。他以「僅發售真正令人驚豔的優良商品」為宗旨，藉由販賣高品質的健康食品與化妝品，確立一套必然產生利潤的網路銷售模式。並透過「北方快適工房」這個品牌，接連推出機能性保健食品「快適奧利多」、金氏世界記錄認證全球銷售第一的化妝品「DEEP PATCH系列」等熱門商品。公司營收的七成均來自於長期訂閱，且連續18年向上增長；近5年的營收成長5倍，常態利益7倍；其利率29%，是主要上市電商企業平均利率的12倍。公司股價成長率曾登日本第一（2017年，1164%），總經理任內股價成長率亦是日本排名第一（2020年，113.7倍，任職8.4年）。其著作《億萬社長高獲利經營術》（商業周刊）曾拿下7個日本商業書分類排行榜第一，獲頒「新創業界票選商業書大賞」獎項。目前正在Twitter上積極發文分享資訊。

Twitter：@kinoppirx78

FUNDAMENTALS × TECHNICAL MARKETING: WEB MARKETING NO SEIKA WO SAIDAIKA SURU 83 NO HOHO by Katsuhisa Kinoshita

First published in Japan by Jitsugyo no Nihon Sha, Ltd., Tokyo

This Traditional Chinese edition is published by arrangement with Jitsugyo no Nihon Sha, Ltd., Tokyo in care of Tuttle-Mori Agency, Inc., Tokyo

向億萬電商社長學網路行銷

從廣告規劃、文案撰寫到市場分析、投報評估全面解析！

2023年3月1日初版第一刷發行

著　　者　木下勝壽
譯　　者　劉宸瑀、高詹燦
副 主 編　劉皓如
發 行 人　若森稔雄
發 行 所　台灣東販股份有限公司
＜地址＞台北市南京東路4段130號2F-1
＜電話＞(02) 2577-8878
＜傳真＞(02) 2577-8896
＜網址＞http://www.tohan.com.tw
郵撥帳號　1405049-4
法律顧問　蕭雄淋律師
總 經 銷　聯合發行股份有限公司
＜電話＞(02) 2917-8022

國家圖書館出版品預行編目資料

向億萬電商社長學網路行銷：從廣告規劃、文案撰寫到市場分析、投報評估全面解析！／木下勝壽著；劉宸瑀、高詹燦譯. -- 初版. -- 臺北市：臺灣東販股份有限公司, 2023.03
288面；14.8×21公分
ISBN 978-626-329-684-8(平裝)

1.CST: 網路行銷 2.CST: 行銷策略

496　　112000558